Public Art and Design

公共艺术设计

高等院校艺术设计系列教材 | 环境艺术设计

王岩松　李理 | 编著

中国建材工业出版社

图书在版编目（CIP）数据

公共艺术设计 / 王岩松等编著.－－ 北京：中国建材工业出版社，2011.5（2015.1 重印）
高等院校艺术设计系列教材．环境艺术设计
ISBN 978-7-80227-859-2

Ⅰ．①公… Ⅱ．①王… Ⅲ．①建筑设计：环境设计－高等学校－教材 Ⅳ．①TU-856

中国版本图书馆CIP数据核字（2010）第190708号

公 共 艺 术 设 计

王岩松　李 理 | 编著

出版发行	中国建材工业出版社
地　　址	北京市海淀区三里河1号
邮　　编	100044
经　　销	全国各地新华书店
印　　刷	北京中科印刷有限公司
开　　本	889mm×1194mm　1/16
印　　张	8.5
字　　数	210千字
版　　次	2011年5月第1版
印　　次	2015年1月第3次
书　　号	ISBN 978-7-80227-859-2
	ISBN 978-7-89991-278-2（CD-ROM）
定　　价	58.00元

本社网址 | www.jccbs.com.cn

本书如出现印装质量问题，由我社发行部负责调换。联系电话：（010）88386906

Public Art and Design

前 言

　　一座城市的公共艺术（Public art）所达到的高度已经成为衡量这座城市发达程度、文明程度的标准之一。公共艺术作为城市文明的标识，能够使城市更加多元化、立体化、个性化和艺术化。经历了改革开放30年，我国的城市建设正在步入一个注重自然与人文和谐，追求地域特色与文化差异，树立城市文化形象，承载地方文脉的新阶段。党的十七大对深入贯彻落实科学发展观，推进社会主义经济建设、政治建设、文化建设和社会建设作了全面论述，明确提出要"推动社会主义文化大发展、大繁荣"。文化建设已经成为社会全面发展的重要内容，成为当代社会生产力的重要因素和经济增长的重要推动力。如何在城市建设中更好地传承和弘扬历史文化，体现和发掘地域特色，学习和吸收国外优秀文化，是城市设计者们（建筑师、公共艺术设计师、艺术家）面临的重要课题，也是全国文化建设的新课题。因此，围绕公共空间的特征，追溯国内外公共艺术作品的特点和发展脉络，透析公共艺术作品与公众、自然环境、文化背景的关系，提出问题，寻找设计方法，正是本书的基本定位。

　　尽管我们的城市化进程发展迅猛，取得了令世界瞩目的成绩，然而就城市化水平而言，我国目前尚不足40%，而发达国家平均为70%左右。相比之下，我们还存在着广阔的发展空间。预计随着我国经济的持续发展，21世纪上半叶，世界最大的城市化进程将集中在中国内地，中国正将经历一场大规模的城市化变革。

　　在城市化进程迅速发展的过程中，城市结构、空间形态、社区营造、生态环境以及历史文化的保护与发展等诸多方面必然带来相应的问题。因此，确立、完善与丰富中国公共艺术的理论研究与设计教育实践，具有其特殊的历史意义、国际意义与现实意义。

　　我国引入公共艺术这一概念是在20世纪90年代初，城市建设的迅速发展带来了城市雕塑、壁画的大量出现，以北京为起点掀起了席卷全国的城市雕塑热潮。1995年之后，公共艺术开始采用"城市雕塑与公共艺术"的称谓，其概念上也仅仅理解为对城市进行"美化"与"装饰"。随着与国外艺术界的深入交流，国内的美术院校及专业人士渐渐意识到"公共艺术"不仅代表了一种文化概念，而且是一种文化现象。

公共艺术设计绝不仅仅是在城市公共空间简单地堆砌或陈列艺术品，最终目的也不是那些雕塑、壁画或其他构筑体，而是引导人们如何看待自己的城市，与此同时对城市产生特有的情感。公共艺术的表现形式丰富多彩，它理应成为架起艺术与城市、艺术与大众、艺术与社会关系的桥梁，成为塑造城市文明，承载历史与传统，展现现代生活，体现精神与物质的工具，成为连接功能与审美以及政府与民众关系的纽带，体现当代城市人的文化追求与品位，最终成为公众自觉的审美表现形式和城市生活中不可或缺的文化载体。

目前，我国的环境艺术设计专业已成为一个发展迅速、专业范畴不断拓展的学科方向，公共艺术无疑是这个学科的毕业生在未来的职业生涯中必须面对的课题。因此，针对本专业学生的特点，"公共艺术设计"这门课的教学重点放在了提升学生对公共艺术的认知能力、创意能力和实践能力上，以设计作品为主线，按不同的环境、不同的表现形式展开对公共艺术的讲解，使设计理论在品读作品的过程中被轻松接受。

本书在吸收了古今中外公共艺术设计优秀成果的基础上，结合我们的教学实践经验，编写成册。希望本书能成为艺术学子们的良师益友，帮助环艺专业的同学们在未来的学习和工作中轻松应对公共设计这一课题。

本书的第一、二、三章由王岩松编写，第四章由李理编写。教学光盘由王岩松、李理共同制作。全书由王岩松负责统编定稿。

王岩松

2010年秋于烟台大学

目 录

第1章 概论 / 1

1.1 公共艺术的概念、定义 / 1

1.2 公共艺术空间环境的分类与特征 / 5

    1.2.1 地域自然环境 / 5

    1.2.2 地域社会环境 / 7

第2章 公共空间中的壁画设计 / 10

2.1 壁画所在空间的特征分析及壁画的特点 / 10

2.2 国内外优秀壁画作品个案解析 / 11

    2.2.1 室外壁画 / 11

    2.2.2 室内壁画 / 24

2.3 提出问题，分析壁画设计方法及材料的应用 / 44

第3章 公共空间中的雕塑设计 / 53

3.1 公共空间中的雕塑 / 53

    3.1.1 我国公共雕塑的历史回顾 / 53

    3.1.2 外国公共雕塑的历史回顾 / 55

    3.1.3 公共雕塑与环境的和谐 / 57

    3.1.4 公共雕塑的作用和形式特征 / 58

    3.1.5 公共雕塑的发展趋势 / 59

3.2 国内外优秀雕塑作品个案解析 / 59

    3.2.1 标志性的公共雕塑 / 59

    3.2.2 纪念性雕塑 / 66

    3.2.3 主题性雕塑 / 76

    3.2.4 观赏性、装饰性、趣味性的雕塑 / 83

    3.2.5 园林中的雕塑 / 88

    3.2.6 建筑化雕塑 / 91

3.3 提出问题，分析雕塑设计方法及材料的应用 / 98

第4章 公共空间艺术中的装置、装饰设计 / 107

4.1 露天装置、装饰与城市公共空间 / 107

4.2 不同空间的艺术构筑、装置、装饰特征分析 / 108

    4.2.1 广场装置、装饰设计 / 108

    4.2.2 街道装置、装饰设计 / 109

    4.2.3 居住区装置、装饰设计 / 112

    4.2.4 地景公共艺术装置设计 / 115

4.3 国内外优秀公共艺术构筑、装置、装饰作品个案解析 / 116

    4.3.1 北京奥运中心区下沉花园公共艺术装置解析 / 116

    4.3.2 河北秦皇岛汤河公园"红飘带"公共艺术装置解析 / 118

    4.3.3 美国国际象棋公园公共艺术装置解析 / 120

4.4 提出问题，分析设计方法及材料的应用 / 121

参考文献 / 129

后记 / 130

第1章 概论

1.1 公共艺术的概念、定义

"公共领域"（public sphere）是近年来英语国家学术界常用的概念之一。这一概念是根据德语"offentlichkeit"（开放、公开）一词译成英文的。这种具有开放、公开特质的，由公众自由参与和认同的公共性空间称为"公共空间"(public space)，而"公共艺术"（public art）所指的正是这种公共开放空间中的艺术创作与相应的环境设计。

公共艺术，无论在西方还是在中国都是一个难以说清的概念，历史学家在描述古代公共艺术的时候，往往指公共空间的艺术。艺术在公共空间中形成各异的艺术语言，它们互相联系又互相区别，共同形成时代的物化标志。"公共"这个概念在西方是社会历史发展到一定阶段后出现的。根据德国著名社会学家哈贝马斯的研究，在英国，从17世纪中叶开始使用"public"这个词，17世纪末，法语中的"publicite"一词借用到英语里，才出现"publicity"这个词；在德国，直到18世纪才有这个词。"公共性"本身表现为一个独立的领域，即公共领域，它和私人领域是相对立的。

如果说公共艺术中"公共"的含义在"群"这层意义上来讲，只是具有"公共性"的话，几乎所有的艺术都具有这种特性。那么，从空间意义上进行探讨，便是给公共艺术作出定义的一种尝试。一件作品之所以被称为公共艺术，是因为它首先存在于公共空间当中，即它在空间上必须以一种公共方式存在。一件被雕塑家用于公共场所的雕塑作品，如果它在创作完成之前只是被放置在私人的空间当中，那么它也只是一件私人艺术品，而不能成为公共艺术。当然有一个例外，就是私人空间在某种情况下也可以转化为公共空间，尽管是短暂的。于是，我们可以得出这样的结论，公共的概念从空间上来讲，也具有可变性。一个最简单的例子就是同样一件雕

图1-1　公共艺术作品使城市公共空间充满了无限生机与情趣

塑作品放置在私人空间当中和公共空间当中,它们的属性是不一致的。放置在私人空间当中,我们便不能称之为公共艺术作品。

那么"公共艺术"(public art)与城市"公有空间的艺术"(art of public space)有何区别?

"公有空间的艺术"指的是由艺术家、设计师、出资者与公众参与而创作的艺术品。雕塑具有独特的审美效果,在特定的建筑环境中能起到画龙点睛的作用。每个城市都应该有自己独特的风貌,而城市雕塑则使这风貌更为显著。从空间设计的角度来看,雕塑必须与建筑和环境协调,才能产生美学效果。黑格尔曾说:"雕刻作品的内容和题材也可以随多种多样的地点和建筑的性质而有无穷的变化。"金字塔在无垠的沙漠衬托下,显得何等宏伟壮观,而狮身人面雕像的造型与金字塔锥形的对比关系,使建筑空间组合更有变化;雅典卫城建筑群内部构图中心是雅典娜雕像,它使卫城的环境更为完整。

美国印第安纳波利斯的媒体对公共艺术的定义为"现在,在许多的现代化城市中,艺术家与建筑师共同

图1-3 由人装扮形成的活动雕塑也是公共艺术的一种形式

合作,以创造视觉化空间来丰富公共场所。这些共同合作的方案包括——人行道、脚踏车车道、街道和涵洞等公共工程。所有这些公共艺术表现方式,使得一个城市愈发有趣与更适合居住、工作及参访。"①

而将公共、大众和艺术连成一个特殊的文化领域——"公共艺术"时,它便呈现了更多当代文化精神,甚至成为当代文化现象的代言人。公共艺术是近现代城市中置有公众自由出入的公共开放领地,有公共资金支付,为公众服务的实用性、大众性的艺术。公共艺术在概念上可分为广义与狭义,广义的公共艺术包括存在于实形公共空间中动态的硬体艺术(如行为艺术、表演等),以及存在于虚形公共空间中的软体艺术(如公众有权自由接收的频道传送、网络信息、卫星数据等艺术形式)。广义的公共艺术将会随着政治、经济、文化、科技的发展不断发生变化。而狭义的公共艺术为现代绝大多数公众常识中的公共艺术,指存在于实形公共空间中静态的硬体艺术,如陆地、山林、水域等空间中的艺术性建筑、装置、雕塑、绘画等。

21世纪是信息的时代,世界文化的多元性和地区文化的个性是未来公共艺术的主要课题。城市是文化的中心,而城市环境中的公共艺术则成为构成、反映城市文化的重要因素。如果将公共艺术作品定义为一种特定的"空间媒介",这种媒介必然有其独特的艺术个性,而且必然属于城市中某一特定场所的特定构筑物或艺术单体,它是整个环境形态中的一个局部,有着自己特定的

① 王中,《公共艺术概论》,北京大学出版社,2007年12月出版。

图1-2 好的公共艺术作品能与大众产生共鸣

创作方法和审美原则。其特点如下：

（1）公共艺术作为环境功能的一部分，在人文精神、审美效应上应与环境整体相协调，并有着独立的观赏价值。

（2）公共艺术已成为不同地域历史文化的延续及传承的载体，同时又与当代的时尚文化追求、精神生活、经济发展紧密相连，成为视觉的焦点和时代的象征，有标志性、识别性、纪念性及宗教性。

（3）公共艺术可能是无标题的构筑物创作，仅仅作为空间中的媒介，公众能在其中得到各种体验，形成一种"空间对话"的同时，还具有独立的艺术价值。

（4）公共艺术既是绿色生态的一部分，又是公众精神和心理安慰的调节剂。

综上所述，公共艺术即公共空间中的艺术创作与相应的环境设计。

图1-4 现代公共艺术注重表现形式与环境的和谐

所谓公共空间，指不属于个人拥有的都市或乡村的空间范畴。当人们在城市中漫步，脚下的道路、路边的街景，身旁的公园、建筑物等，无论是城市当地的居民，还是外来的旅游者，只要是能欣赏和接近的区域，都称为"公共空间"。所谓"公共艺术"是公共空间中的造型艺术，不仅指物质概念上的"公共"、空间上的共享，更具有精神内涵上的共同"拥有"、"参与"、"分享"的文化特质，体现大众的文化意愿与审美需求。这些都决定了公共艺术的创作过程和方法，与艺术家个人的独立艺术作品创作是有区别的。

公共艺术强调公共性和公共价值观念，其表现形式多种多样，既包括公共空间中的雕塑、壁画及景观中的地景艺术，也包括新材料艺术、光电的艺术、空间与表现的艺术、解构与装置艺术，以及时空、空间上能够和公共发生广泛关系的艺术等艺术样式。公共艺术所要解决的不只是美化城市、美化环境的问题，它还追求良好的社会效益，强调艺术与社会公众的沟通，追求人文关怀。

未来的城市文化就是公共艺术吗？日本著名公共艺术策划人南条史生曾这样断言："无论从建筑、都市规划，或是艺术的角度看，时代正逐渐将注意力转向公共艺术。"2004年哈佛大学的一项研究结果称：世界经济发展的重心正在向文化积淀厚重的城市转移。也就是说，未来城市建设的核心目标是"文化"，文化的体现与艺术密不可分，艺术已经全面进入日常社会生活，或者说公共生活逐渐走向艺术化。城市是人们聚居的场所，是一个大的公共环境，"公共艺术"将"公共"、"大众"、"艺术"结合成特殊的领域，就是为了给人们创造艺术化的生存环境。也就是说，走向"公共"的"艺术"将为城市的文化发展注入新的活力。

公共艺术是城市文化建设的重要组成部分，是城市文化最生动、最直观、最鲜活的载体。它可以连接城市的历史与未来，翻开城市的历史画卷，讲述城市的故事，满足城市人群的行为需求，创造新的城市文化，展示城市的魅力。也就是说，城市公共艺术的最终目的是为了满足城市人群的行为需求，在人们心目中留下一个城市文化的意象。正如日本著名公共艺术设计师樋口正一郎所言："美的城市建设成了当前城市文艺复兴的主题，并且城市建设由硬件时代逐步过渡到了软件时代。"这也意味着在城市建设中，艺术家的作用更大了，艺术家和公共艺术作品可以以艺术的手段重塑城市尊严，讲述城市动人故事。艺术开始走出画框，走向街区，走向大众，走向市民的日常生活。

图1-5 现代公共艺术拉近了空间与大众的距离,且互动性增强

公共艺术作品及设计者应具备的几个特性:

(1) 设计者应具备方法论意识

从事公共艺术的工作者,首先应当是一个社会工作者,他(她)必须清醒地认识到自己在做什么,以及通过什么方法来完成。公共艺术设计者必须了解社会的艺术政策、有关公众事物的工作程序以及各种制度,并善于解释和陈述自己的工作以得到支持。从事公共艺术必须明确有关公众参与的可操作方式、方法、程序和准则;必须掌握倾听民意的具体方法,如调查方法、统计方法、展示的方法、听证会的方法、媒体讨论的方法、公众投票的方法等。总之,人们从一个公共艺术项目的方法论上,基本上就可以判断这个项目的学术价值和意义,以及它在目前所处的水平。

(2) 公共艺术作品应具有可参与性

公共艺术与非公共艺术的最大的区别是它的参与性。公共艺术一定是开放的、民主性的,它十分尊重参与者的社会权利,并公正地对待每一个参与者的意见。公众参与的方式是多种多样的。公共艺术的参与性不仅表现为公众对作品结果评判的参与,还表现为公众对作品完成过程的参与,与设计师共同推动作品的进展。

(3) 公共艺术作品及其设计者与公众之间应具有互动性

公共艺术的互动性表现为作品、设计者、公众之间良性的相互交流、沟通、选择、影响。互动主体的关系是平等的,公众的意志和对公共艺术作品的看法可以影响甚至推翻设计者的设想,在作品的创作过程中实现作品的公共性。互动是作品的延伸,也是作品的组成部分。例如观众对作品的反馈意见,也是检验公共艺术成就的一个重要指标。

互动性的另一个意义表现在公共艺术的结果是开放的,对它的检验是在互动中完成的。公共艺术不同于一般的物质产品,在进入消费以前就可以评定出好坏优劣,它成功与否的结论是开放的,社会公众是作品成功与否的最终评判者,只有在互动中,在与观众的接触中,作品的价值才能体现,对作品的评价也才能完成。

(4) 公共艺术作品应具有过程性

公共艺术是过程的艺术,它是设计者与公众互动过程的产物,它注重的是作品产生的过程,而不仅仅是结果。公共艺术既可能是一次社会活动,也可能是一个有时间过程的社会事件,随时间的变化不断呈现出新的状态和意义。如果仅仅只是一个静态的结果,对公共艺术来说意义不大。一个公共艺术可能会持续很长的时间,在这个漫长的时间内,又可能生发出许多可能性,同时也可能暴露出一些社会问题。过程使公共艺术变得更加丰富。

(5) 公共艺术作品应具有问题性

公共艺术总是要针对各种社会问题来提出问题、认识问题,并促进问题的解决。有深度的公共艺术能充分表明自己的价值立场,在人们习以为常的事物中发现问题,体现社会的公正和道义。只有具有问题针对性的公共艺术才能具有公共价值,才会有助于人们警觉社会问题,从而促使社会状态的改善。

(6) 公共艺术作品应具有观念性

公共艺术是策划的艺术。从策划的层面看,一个好的想法、一个适合的命题、一个富于智慧的切入点是公共艺术成功的关键。

(7) 公共艺术作品应具有多样性

公共艺术的多样性表现在：就场所的意义而言，公共艺术不能看做是户外的艺术，公共空间不能只是理解为室外空间，只要具备了公共艺术的特点，即使存在于室内空间也同样可以视为公共艺术；就作品的形态而言，公共艺术的多元性表现为可以使用以下各种艺术形态来完成：建筑艺术、雕塑艺术、绘画艺术、装置艺术、表演艺术、行为艺术、地景艺术、影像艺术、高科技艺术等。

（8）公共艺术作品应具有地域性

公共艺术面对的是社会、公众共同关系的问题，这种问题总是体现在特定地域或特定的区域内，公共艺术需要面对这些问题作出反应。社会发展总是呈现出不均衡性，因而，不同地域和社区常常会出现与其政治、经济、文化密切关联的特殊问题。公共艺术正是由于对地域性的强调，而成为某个特定地域或社区居民积极参与公共艺术活动的一种方式。

的是它的材料的存在；第二种关注的是在空间内部规范和社会的关系；第三种关注的是对某件往事的纪念或想要形成的某种氛围。不管是客观的，还是主观的，每一个公共空间都可以通过这些定义中的一个或多个含义来加以确定。应当指出的是，虽然我们可以把公共空间划分为以上三种类型，但是每一个公共空间实际上包含了这些类型中的一种或多种。公共艺术应当反映作品所在地的地域自然环境与社会环境特征，其创作实施必然受作品所在地的自然环境与社会环境的影响，并由此而综合形成公共艺术的地域个性。

1.2.1 地域自然环境

地域自然环境包括地理区位与地理环境，是公共艺术外部因素中的基础因素，是公共艺术产生和发展的自然基础。中国自古讲究"天人合一"，这种"人与自然和谐共处"的追求影响着古代庙宇、宫殿、塔楼、园林等公共建筑的设计，在方位铺陈、空间配置、开与闭、虚与实的权衡上，均力求与天地自然环境交互融合，达到"人天圆融"的境界。地域自然环境是在很长的时间内逐渐形成的相对稳定的因素，长远并间接地作用于地域社会环境的形成过程。公共艺术创作的内容应反映地域自然风貌，创作所选材料，所用形式，运输、安装、维修方法等均要考虑地域气候与地域产材。城市是一个人造的自然环境，属于大自然的一部分，无法脱离整体生态系统而独立存在，因此在城市中进行公共艺术创作与实施，应按照自然美的规律再造自然，倘若背弃自然的原则，就会破坏自然环境的原生形态，必将遭到自然的惩罚。

1.2.1.1 地理区位

地理区位是公共艺术空间环境因素中一个不可变的因素，但在不同的时代，其作用会发生变化。地理区位是同地理位置有联系又有差别的概念。区位一词除解释为空间内的位置以外，还有布置和为特定目的而联系的

图1-6 公共艺术的多样性给城市空间增添了丰富的变化与情趣

1.2 公共艺术空间环境的分类与特征

公共艺术空间环境是指公共艺术创作与实施的客观外部环境，即地域自然环境与地域社会环境。公共空间是城市空间的重要组成部分，按照安切雷斯·施耐德等人的理论，公共空间可再细分为：①物理的公共空间。②社会的公共空间。③象征性的公共空间。第一种关注

图1-7 不同的场所需要不同风格的公共艺术作品

地区两重意义。所以,区位的概念除了位置以外,与区域是密切相关的,并含有被设计的内涵。

区位中的点、线、面要素,具有地理坐标上的确定位置。如河川汇流点和居民点,海岸线和交通线,流域和城市吸引范围等。一个区域,是由点、线、面等区位要素结合而成的地理实体的组合。如上海位于我国经济大动脉的长江入海口,又位于沿海经济发达地带的黄金海岸线中点,恰似一张弓上的箭,对内联系长江流域广大腹地,对外辐射太平洋沿岸和世界各地,其地理区位具有很大的优越性。这足以解释我们的史前岩画、雕刻、宗教艺术、陵墓艺术为什么在今天能够被划归为公共艺术了,这些艺术可以看做是受地理区位影响的公共空间中的艺术。

1.2.1.2 地理环境

地理环境是社会历史存在与发展的决定性因素之一,也是公共艺术产生与发展的必要条件,任何公共艺术都在一定的地理环境中存在并受其制约与影响。作为具有创造性思维的人,不可避免地会受到所在国家、社会、民族的地理环境的影响。比如,北非人与阿拉伯人最喜爱的绿色出现在他们的国旗上,澳洲土著天文学家用澳洲大陆上特有的动物来命名天上的星座。这是由于北非人与阿拉伯人长期生活在干旱、荒芜的土地上,植物的绿色就代表了生命与生机。澳洲大陆位于南半球，不同的地理位置导致了不同的视角，加之与世隔绝的演化所造就的特殊物种，猎户座在澳洲人的文化中便表现为一只鸸鹋形象，与北半球所认同的猎人形象大相径庭。人所生存的特定自然环境积淀了特定的文化生态经验。

实际上，纯粹抽象的城市公共空间并不存在，每一个城市公共空间最终都要与不同的社会活动结合，产生不同的场所，即公共场所。每一个场所又形成了不同的场所精神。场所与它所处的地理位置、社会职能、场所职能密不可分，大致可以分为以下几种：

（1）政治性场所。如政府大厦、市政府广场、法院以及政府机构等场所。

（2）文化公共场所。如学校、博物馆、美术馆、研究机构、历史纪念场所等。

（3）商业公共场所。包括商业街、商业楼、商业区、商业城等。

（4）一般性公共场所。如火车站、码头、机场、地铁站、广场、街道等。

（5）娱乐休闲性公共场所。如广场、主题公园、绿地、茶馆、咖啡厅、体育及娱乐休闲公共场所等。

这些场所的性质、职能决定了公共空间的性质和职能，也决定了场所精神。但是从整体上说，影响场所精神形成差异的还有这些场所所在城市的大公共空间的历史、文化以及现代性社会意识。

1.2.2 地域社会环境

随着人类社会不断步入更高级的阶段以及科技生产力的发展，人类认识自然、改造自然的能力显著提高。在传统的农业与畜牧业之外出现了工业、运输业、服务业、金融业、信息产业。逐渐地，自然原始的森林、草原、山川、河流、海洋已不再是人类从事生产活动以及生活的主要空间，越来越大、越来越复杂的城市被不断地建立起来，越来越多的人开始涌入城市，他们不屑地抹去古老祖先的痕迹，用事业、荣誉、财富、水泥盒子和铁皮壳子为自己积攒起一个完完全全属于人类自己的生存模式。地域社会环境成为影响公共艺术的主要因素。它包括经济规律、政治制度、科学技术、民族宗教、思想意识、民俗传统，是在地域自然环境基础上形成的不断发展变化着的公共艺术外部要素，是公共艺术发生的社会背景与条件。

从古至今，公共艺术与其存在的时代有着密不可分的互动关系，经济荣枯、政权兴亡、宗教盛衰、科技进步快慢、公众思想文化水平高低、传统意识强弱等，地域社会环境各因素的变化共同组成时代的面貌，公共艺术因其大众性的实用艺术特征，必然体现时代精神和地域社会环境的个性。

在公共艺术的创作与实施过程中，地域社会环境的作用不容忽视。比如，当艺术家提出公共艺术设计方案后，进入评审、实施、监督、传播机制运行阶段，必然涉及社会的方方面面。方案的评审涉及投资企业、政府文化机构、地方行政机构、社区公众组织、建筑设计工程公司、室内设计工程公司等；方案的实施涉及工艺制作单位、运输安装维修工程公司、工程监理公司等；作品的质量鉴定与监督涉及美术馆、博物馆、画廊等；作品的社会传播涉及报纸、杂志、电视、广播、网络等。公共艺术是社会系统中的一部分，所面对的服务对象是社会公众，需要除艺术家之外的大范围的各方面人员参与完成，如企业家、政府官员、规划师、建筑师、土木工程师、室内设计师、材料供应商、室内工程人员、财税人员、环保工作人员、史学家、艺术评论家、经纪人、记者、出版商等，相关的专业与非专业社会各界人士的意见与做法均或多或少地左右着公共艺术的创作与实施的成败。

1.2.2.1 经济规律

公共艺术属于物质社会的一部分，如果没有经济的投入，公共艺术的创作与实施不可能进行。经济繁荣、社会进步是公共艺术发生的物质基础。现代公共艺术活动是社会活动的一部分，担负着具体的社会实用功能。因此，公共艺术的产生、发展与传播必须服从经济规律。社会经济形态不同，所形成的公共艺术作品的内容与形式也不同。第二次世界大战后，美国经济迅速发展并具备了发展公共艺术的能力。1967年，美国成立了国家艺术基金，美国人开始明确地认识到城市中不可以没有公共艺术作品。而自1960年开始实行的"百分之一"法律（指在新建筑预算中，拿出百分之一的预算资金用于装饰建筑物的美术作品上），对美国初期公共艺术的发展更是起到了巨大的推进作用。

1.2.2.2 政治制度

经济繁荣与民主政治是公共艺术的两大外部因素，地域政权形式、职能行使方式及其他地域相互的作用，直接影响地域文化艺术状态的完成。政府文化投入政策的制定、政府文化意识趋向等对公共艺术的立项与定位有着重要作用，有时甚至是决定性的。1954年，美国最高法院宣布：国家在建设城市的过程中应兼顾精神实质，注重美学，创造更宏观的福利。这项具有前瞻性的宣言真正将公共艺术纳入城市的整体需求之中，提升了公共艺术的城市职能。

1.2.2.3 科学技术

社会物质文化的产生、形成与发展，每一步都离不开物质技术手段在生产、生活中的应用。人类开发利用自然资源的技术水平与观念是地域自然环境变迁的主要原因之一，由此引起地域社会环境其他因素，如政治、经济等的变动，对文化艺术意识及状态产生影响。而公共艺术从设计到实施必须考虑工程技术的实施可行性，公共艺术制作、运输、安装、维修等具体实施的每个环节，必定与其相关的技术发生关系。中国当代最具代表性的四座公共性建筑——鸟巢、水立方、国家大剧院、央视新大楼的诞生，无不与现代高科技息息相关。

1.2.2.4 民族宗教

历史上，民族的迁移、民族的往来往往带来宗教的传播与文化艺术的交流，形成地域文化艺术新形态，宗教建筑则因氛围营造的功能需要成为实用艺术的载体。而公共艺术作品在表现地域文化个性时，地域民族宗教特色及其渊源是其中重要的表现内容。

1.2.2.5 思想意识

文化艺术的创造者是人，思想意识与文化艺术在地域社会环境诸因素中是最为相关的两个概念。地域、政治、经济、科技、宗教等社会环境诸因素的变动势必引起地域思想意识的变化更新，从而影响地域文化艺术发展，公共艺术因其大众性而与地域思想意识的关系更为密切。

1.2.2.6 民俗传统

每一个地区都有自己传承下来的民俗传统。民俗传统是经历长期的历史演变而成，综合地体现了地域大众的发展状况。作为一种以大众性为其显著特征的实用艺术，地域公共艺术应反映地域民俗传统，使其更具地域特色，更易被地域民众广为理解与接受。

图1-8 科技、文化、民俗、宗教等因素都是公共艺术设计中要认真考虑的重要因素

延伸阅读：

《公共艺术概论》，王中著，北京大学出版社，2007年12月。

思考与练习题：

1. 公共艺术作品有哪些特点？
2. 从现实生活中找出一件与环境结合较好的公共艺术作品，并分析这件作品在设计上的成功之处。

第2章 公共空间中的壁画设计

2.1 壁画所在空间的特征分析及壁画的特点

壁画分室内壁画与室外壁画。要把握它们各自的规律与特点，必须从其依存的不同空间的功能上来分析和认识。著名美学家王朝闻先生在谈到壁画创作时曾说："幼儿园有幼儿园的需求，革命纪念馆有革命纪念馆的需求……"的确，壁画的特殊性就在于它首先是存在于公共环境中的壁上的，创作当然要先考虑环境。所谓"环境"，即壁画依附的壁所存在的空间，即公共空间、建筑空间等。壁画跟建筑空间、公共空间的关系，是壁画创作首先要考虑的问题，其次才是壁画作品本身的问题，即壁画的艺术标准、文化含义、内容题材等。建筑是人为地利用空间因素所创造的生活环境，有使用功能和非使用功能的基本区别，表现为公共建筑和居室工程建筑、象征物等几大类，如车站、码头、广场、住房、水坝、纪念碑等。湖北著名壁画家程犁、唐小禾在壁画创作的经历中，一直重视和探索壁画与建筑环境的关系。程犁在《壁画与环境的思考》一文中说道："1986年创作的湖北省荆州博物馆门厅壁画《火中凤凰》是从楚文化精神上进行总体的把握，以便造成具有强烈楚艺术特征的氛围，架设一座从人们的生活现实到历史文化体验的桥梁。在构思中就包括了对整个建筑内部空间的重新改造，表现了一种更为主动的精神。"她还谈到，为埃及国际会议中心创作的壁画《埃及七千年文明史》，画面的灰绿色调与阿拉伯民族喜爱的色彩一致，使银灰色的大厅顿时有了蓬勃的生气。这不能不说是对壁画与环境关联的成熟思考。20世纪80年代中期以来，壁画家的环境意识进一步觉醒，从不自觉地适应环境到自觉地创造环境，壁画作品既有个人风格的神采，又自觉地关照环境，极大地适应了环境的整体需要，环境意识逐步确立和提高。另一方面，壁画的创作也发生了较大的变化，出现了由"补壁"向建筑总体设计发展，由绘画向工艺、建筑发展，由写实风格向写意风格发展的趋势，壁画逐渐与建筑融为一体。

建筑物不外乎有两个空间，即内部空间和外部空间。人类对美的追求与创造体现在人们生活的各个角落中。建筑合理的空间构造仅仅是对实体空间的分割，是实用空间量的规划和建筑的初步形成，而艺术装饰不仅赋予建筑物以外观肌肤，同时也赋予空间以精神化与性格化，甚至可以改变建筑物已有的环境，通过装饰使空间的使用功能和视觉效果产生新的变化。所以，建筑物实用空间量的划分与空间环境的艺术再创造是使用建筑构成的两个因素，两者的互补与相互作用是现代建筑的一个突出特点。因此，壁画家要和建筑师一同设计总体的环境空间，不能局限于将壁画当作补墙的工具，而是要创作出与建筑、环境相协调的艺术作品。

1931年，鲁迅先生著文向国人介绍墨西哥的公共艺术时，就明确地指出："壁画最能尽社会的责任。因为这和宝藏在公侯邸宅内的绘画不同，是在公共建筑的壁上，属于大众的。"过去，许多人错误地认为壁画就是墙上的一张大画，和环境没什么关系，任何地方都可以用国画大山水来做点缀。实际上，按这种观点创作的作品往往缺少壁画的语言，更谈不上与环境相协调，反而会破坏环境，不属于真正意义上的公共艺术。作为公共艺术的一种形式，壁画应当把它放在环境里来讲，壁画设计前，应首先研究建筑、研究自然环境、研究人文环境，并且还要考虑壁画完成后所营造的气氛，应当符合公共环境或生活环境的氛围要求，如有的需要对环境加以美化，有的则需要起到教育、警示等作用。

中国艺术有"成教化，助人伦"的功能，正如侯一民先生所言："壁画主要是安置在重要的文化设施、爱国主义教育基地、涉外宾馆等地方。应该说，在所有的画种中，壁画作为公共艺术和环境艺术，最能弘扬民族主义，是表现中国文化含量最多的一个画种。"另外，在人群流动快的公共空间，如地铁站、机场、码头、过街通道等，壁画的内容就不可能是叙事性的，而应在人快速经过或短暂停留的瞬间，给人留下愉悦的心理感受，这样的壁画应起到美化环境和调节心理的作用。

壁画与建筑环境的结合、壁画对建筑的从属性、壁画的当代性和壁画艺术价值的相对独立性等一直是壁画实践和理论十分关注的课题。壁画是建筑整体的一个有机组成部分，它的内容和形式应服从于建筑的使用功能和格调。王朝闻在致侯一民的信中谈道："壁画的形式风格应该是多样的，具体作品的艺术个性不能不受它所存在于其中的物质环境与精神环境的规定。"壁画是建筑实体的表层，它实际是被建筑限制的创作。壁画家就是要在这种制约限定、矛盾冲突中进行宏观的审视，将个人的情感融入更广阔、更复杂的环境要求中去，力图创作出最佳的环境文化形态。

2.2 国内外优秀壁画作品个案解析

2.2.1 室外壁画

室外壁画是指设计、安装在室外的壁画，其空间特点与建筑的使用功能息息相关，这就决定了壁画的使用功能与艺术风格。室外壁画的使用空间大致有以下几种：

（1）公共建筑的外观

一般来讲，壁画与公共空间结合的机会比私人空间要大得多。建筑是壁画的载体，公共建筑的外墙面、门柱、门楣、窗楣、台阶、廊柱、地面等都是室外壁画经常被设计和应用的位置。由于这些位置常年暴露在风吹日晒的室外环境中，因此对室外壁画的材料要求比室内壁画要高。室外壁画材料首先要防水、防晒、防冻、防高温、坚固、耐久，最好和建筑本身一样，能历经百年甚至上千年的风雨，当然也有临时性或短期的壁画。另外，由于室外空间受光特殊，壁画作品受到直射日光、漫射日光和人工光源的影响，其效果在晴天、阴天、夜间会发生不同的变化，因此在设计过程中要兼顾不同光源作用引起的变化，如能充分考虑，则会增加壁画的魅力。再者，室外的环境会让某些材料的壁画在质地和颜色上发生较大的变化，比如铜、木、铁、油彩、丙烯等。不锈钢、陶瓷、石材、砖、玻璃钢、玻璃则变化较小。由于建筑内外空间的特征不同，壁画的材料、形式以及表现的题材、内容便各不相同。因此，不同空间的特征决定了壁画的艺术风格与表现形式。

建筑的外观是建筑本身极其重要的一方面。它必须与周边环境，整个城市，及至城市的规划、历史和文化相吻合，因而备受建筑师的重视。现代建筑较为重视建

图2-1 天堂之门 浮雕金属壁画

筑自身语言的完整性与单纯性，这就要求建筑空间中的壁画也应形式简洁，具有标志性，不破坏建筑本身的特征。壁画应发挥其公共性，衬托出建筑本身的文化与精神，达到"画龙点睛"的效果（图2-1）。

（2）室外公共设施

壁画依赖墙壁或地面而存在，除公共建筑之外，室外的公共设施或单纯的壁画墙是室外壁画常用的空间环境。与公共建筑室外壁画不同的是，室外公共设施一般与壁画所用材料相同，对壁画的耐久性、光照等要求应和公共设施的要求一致。另外，室外公共设施所处空间空旷，一般有绿色植物在周围衬托，壁画的色彩与建筑外墙壁画相比，比较独立。

不同的环境决定了壁画有不同的内容和形式，因此壁画的形式不像其他画种那样容易分类。壁画所在空间环境的多样性使壁画的种类丰富多彩，既满足了建筑空间环境的需要，又使壁画艺术与建筑空间珠联璧合。

建筑可分两种类型：使用功能性的建筑和非使用功能性的建筑。使用功能性的建筑是主要形式，即我们可居可住的建筑物；非使用功能性的建筑主要包括纯纪念性建筑及工业性建筑物体。建筑因功能需要营造了不同目的的使用空间。老子在《道德经》中说，"凿户以为室，当其无，有室之用"，"埏埴以为器，为其无，有器之用"。中国人理解的空间是从"无"开始的，空间中的"无"才是真空的本原，而西方人认为的"空间"就是实体的本身，这是两种不同的空间观念。

一所建筑物存在于自然空间环境中，与天空、地面及其他建筑物形成一定的关系，所以，室外壁画既要考虑与建筑物整体外形的统一与协调，也要考虑与建筑物所存在的整体空间环境的关系。室外壁画的目的是对建筑物外观在整体上起到提神与点睛的作用。如果室外壁画个性太强，不仅破坏建筑物整体的风格，还会影响建筑物所处的空间环境。因而，室外壁画要自觉地维护建筑整体的完整性，起到恰当的点缀与渲染作用。所以，室外壁画最主要的特征是视觉效应内向性。因此，一般室外壁画在内容上不要太具体，而应该选用象征性的内容题材。

另一种情况是，用室外壁画鲜明的艺术形象来强调建筑物的使用功能，就是用壁画来表现建筑空间的功能，给人以强烈的视觉感受，从而强化建筑物或建筑空间的使用功能。在设计室外壁画时，除了注意材料的选择要适合室外环境以及与建筑物相协调；考虑光线的变化对室外壁画的影响，并有目的地利用这种变化；还要考虑因视点的变化引起的形象变形，以平衡视觉与心理的差异。

由于室外壁画存在的自然环境、人文环境各不相同，因此壁画作者在创作过程中对材料的选择、运用也应因地制宜，尽量发挥材料的优势，使壁画达到最理想的效果。室外壁画特殊的环境要求壁画作品在题材的选择、表现手法的运用以及色调的把握等方面都要和壁画所在的空间环境达到和谐的状态。而壁画设计者对壁画主题的把握、对材料和工艺的恰当使用、对空间环境的理解、对建筑使用功能的了解程度等，往往是决定壁画设计成败的重要因素。因此,以下针对室外壁画的特点,按照材料的不同对露天壁画的特点进行个案分析。

2.2.1.1 手绘室外壁画

礼巫盛典　聚酯漆彩手绘　作者:江碧波

壁画的设置从宾馆、酒店、博览会、广场等公共建筑环境扩展到山崖的断壁、大地的陡坡等更广阔的空间环境,可见壁画这种绘画样式的适应性、功能性和表现力越来越强大,影响愈加广泛。《礼巫盛典》(图2-2)这件作品采用的材料为聚酯漆彩,它应用在室外壁画中可以达到防水、防晒、防腐蚀的目的。这幅壁画所在的环境为重庆市巫溪县汉风神谷,它依附于纪念碑似的直线型建筑景观,画面采用了大量的弧线造型,由下而上达到一种充满动感的画面效果。在色彩上,由暖到冷,形象仿佛由谷底升腾而上,达到了理想的色彩效果。处在色彩单一的深山峡谷之中,整个装置在壁画的装饰下引人入胜,起到为汉风神谷景点装饰的作用。

走进阳光每一天　户外用乳胶漆手绘　350cm×5200cm　作者:原杉杉

图2-3　走进阳光每一天

这件作品(图2-3)采用的材料是立邦漆,壁画所在的环境为北京市呼家楼小学围墙,手绘完成。结合小学校园外墙的环境特征,作者在壁画造型上采用平面、多时空构成的手法,表现内容符合小学生的心理特征,色彩上寻求大的色调的同时,尽量表现出活泼、生动、阳光、欣欣向荣的主题。户外用立邦漆恰恰达到防雨、防晒的目的,色彩柔和且变化丰富。

丙烯也是户外手绘壁画使用最多的材料之一。它是一种化学合成的凝胶材料,易干燥,使用后能迅速形成坚固的表面,具有很好的防水性;它还有很强的柔韧性,不受底面膨胀和收缩的影响,完成后的壁画坚固、耐用。绘制丙烯可以反复重叠上色,可进行较细致的刻画。图2-4、图2-5所示的室外壁画皆为建筑外墙壁画,壁画作者借助丙烯的优点在墙体上表现抽象或具象的形象,改变了原有墙面和环境的单调,绘制出新的虚拟空

图2-2　礼巫盛典

间，形成新的视觉冲击。

2.2.1.2 玻璃钢壁画

玻璃钢的特点是质量轻且坚硬，制作方便，造价低廉，造型上可任意使用，室外壁画应用较广。完成后的作品可根据需要做肌理、质感、光泽、色彩和艺术风格的处理。玻璃钢壁画有镂空与浮雕之分，大型的玻璃钢壁画要先做一定比例的小稿(即模型)，甲方或专家确认后再做等大的泥稿，反复雕琢、修改后翻制成玻璃钢，经脱模、表面处理后，安装完成。玻璃钢壁画有时在现场直接制作，在建筑立面上做浮雕，同时进行玻璃纤维和树脂的形体塑造，这需要熟练的制作技术和在整体上把握造型的能力，才能避免形式上的混乱。

家园　玻璃钢壁画　200cm×3500cm　作者：刘波

《家园》（图2-6）这件作品设计在河南郑州清华园小区的建筑外墙上，作者采用装饰的造型手法描绘了

图2-4　丙烯手绘壁画　佚名

图2-6　家园（局部）

江南水乡的风土人情，大量的弧线应用打破了周边环境因众多直线运用造成的宁静与生硬感。玻璃钢浮雕在后期被处理成青色，在白色底面的衬托下显得清爽且厚重，丰富了单一的墙面效果，给暖色的环境增添了冷色的对比效果。

2.2.1.3 金属壁画

金属壁画历史悠久，金属工业的发展变化带来了金属壁画创作的丰富多样。金属因其特有的材质美感、力度感而常常成为壁画家们设计壁画时首选的材料。另外，金属壁画所具有的耐热、耐寒、防水、硬度高、强

图2-5　丙烯手绘壁画　佚名

图2-7 奉献碑 花岗石、青铜 作者：陈刚、庞乃轩

金属材料与加工工艺的发展，随着新材料的增加，壁画表现上出现电镀、抛光、肌理变化以及各种材质结合的作品（图2-7），壁画的形式更加多样化，金属壁画在现代城市公共场所得到普遍应用。

除铜材外，室外金属壁画多采用铁、钢等材料。由于铁、钢等在室外易腐蚀且表面效果不如铜，所以只在少数情况下用于铸造人物或动物浮雕。不锈钢在现代壁画创作中利用较广，它克服了锈蚀的缺点，质轻、亮丽、平整，具有优美、高雅的视觉特征。彩色不锈钢是一种抗腐蚀、色彩绚丽的新型壁画材料，深受壁画家及建筑师的喜爱。同时，现代工业带给壁画创作许多新的金属材料选择，铝合金、钛合金等新材料加入壁画材料的行列。加工手段也不仅限于刻制、铸造和锻烧，而增加了锻造、模压、焊接、铆接、电解、喷涂、充气等新的工艺，大大丰富了露天金属壁画的艺术表现力。

舞骄 锻紫铜 85cm×100cm×2cm 作者：哨布

《舞骄》（图2-8）设计在北京市腾格里塔拉饭店外墙，这是一幅带有明显蒙古风格的浮雕壁画，画面表现了两组内容：一组是歌舞，一组是狩猎。人物动作设计夸张且富有节奏，符号化的吉祥纹样围拢成方形边框，硬朗的造型与主体曲线的造型相映成趣，加上紫铜的材质使得整幅作品厚重、庄严且富于节奏。

度高、不变形等特点，也给露天壁画带来了巨大的发展空间，深受观众的喜爱。一般金属材料应用较多的是铜。铜又分为青铜、黄铜、紫铜。由于青铜有很好的流动性，质地坚硬又细腻，加之斑驳的绿锈，更增添了作品的苍劲之感，被艺术家们所青睐。绘画性强、造型坚实、构图繁琐的作品大都用青铜锻造。黄铜、紫铜因产量少，运用的机会比青铜少。制作浮雕壁画多应用板材，其质地软，易锻造，成本低，一般构图简洁的作品适合用这种材料。铜材的缺点之一是易腐蚀，不利于室外安置。而不锈钢、钛合金因其本身不生锈，表面有光泽和亮度反射，使用率较高，尤其适合做现代感较强的浮雕作品。还有一种常用的金属材料是铁，它造价低，易加工焊接、拉长，易着色，也受到艺术家的欢迎。

人类发现铜并掌握冶炼技术之后，除了将铜大量运用于制造兵器、食器、乐器、建筑构件之外，也用于铸造金属壁画，因此铜材质的壁画出现的历史较长。铜以其耐腐蚀和良好的延展性为壁画家所常用。高科技促进

图2-8 舞骄（局部）

西游记 青铜浮雕 350cm×4200cm 作者：彦东

《西游记》（图2-9）设计在江苏连云港花果山风

图2-9 西游记（局部）

景区，作品重点描绘了《西游记》故事中孙悟空在花果山前前后后的故事，作者利用意象造型的手法，超时空构图，节奏明快地刻画了跌宕起伏的故事情节。白色大理石墙面衬托着古朴、庄重的青铜形象，使画面主体突出，在绿树背景的衬托下，这一景观显得更有历史感。

新世纪乐章　铜、汉白玉　200cm×1000cm　作者：陈永祥

《新世纪乐章》（图2-10）设计在兰州西北师大校园内。不复杂的画面构成充满动感，在年轻人聚集的环境中比较适合。另外，画面中没有太多具象的形象。在行人流动性很强的公共空间，采用这种抽象的图形是比较符合环境特点的，并且抽象的画面更耐人寻味。这件作品的构图看似简洁，但设计的过程却不简单。白色的汉白玉墙面拼贴成51块方形壁画作为背景，画面又由小方形、弧线及圆形组成，可谓理性与感性的结合。

中华健儿　不锈钢浮雕　180cm×684cm　作者：晋松

《中华健儿》（图2-11）设计在浙江省宁波华茂外语学校体育馆的外墙，不锈钢材料使得这个崭新的公共建筑更具有现代感，灰色的砖墙贴面与不锈钢结合，显得建筑轻盈而稳健。浮雕内容紧扣建筑的使用功能，没有大面积地覆盖，人物形象的造型与其他体育场馆所用形象无太大差别，但与墙体的色彩相结合，则显得十分饱满与流畅。

正、负、虚实、空间　钢板焊接　260cm×1600cm　作者：邹释

《正、负、虚实、空间》（图2-12）设计在安徽芜湖会展礼堂入口的门楣上，抽象的钢板造型被重叠、拼贴焊接，形成强烈的视觉冲击力，使这座具有现代风格的公共建筑在空间中异常醒目，令人过目不忘。钢板本身的粗犷色彩体现了后工业时代的韵味，壁画与建筑整体的色彩和谐，但稍显头重脚轻。

2.2.1.4 仿石壁画

所谓"仿石"，即人造石，是仿天然石料的材料。它是以水泥为主的混胶材料，加以各种颜色的石粉和建筑胶，通过模具成型的一种装饰材料。它具有装饰性，视觉上接近天然石材，耐久性强，成本低廉。它可以根据需要加工，造型和面积也不受限制，适合翻制各种几何形体的抽象作品。它的质感朴实大方，能与建筑有机

图2-10 新世纪乐章

第2章 公共空间中的壁画设计 Public Art and Design   16/17

图2-11 中华健儿（局部）

图2-12 正、负、虚实、空间

结合。最早的仿石是用水泥加废石粉的方法制造的，中国再造石以水泥等无机材料合成。仿石逼真，肌理变化丰富，耐久性强，可用于制作浮雕、镂空雕、圆雕、塑石及其他仿木、仿金属装饰品。仿石艺术品充分发挥了混凝土取材方便、可塑性强、坚固耐用、经济合理等诸多优势，又在质感、肌理、色彩等方面下了工夫，特别是在造型上进行了深入研究，使人造石作为艺术品向前迈了一步。用人造石做艺术品早在20世纪初的前苏联就有，102m高的雕塑《祖国——母亲》采用水泥制作，具有强烈的视觉震撼力。这是一座以雕塑为主体的纪念性综合体，建在当年发生激战的城郊马耶夫高地上。规模宏大，尺度惊人。我国现保存完好的原建设部大楼、地安门大楼、北京展览馆等在20世纪50年代兴建的建筑，仍旧可以找到利用混凝土制作壁画、雕塑的痕迹。由此可见，仿石壁画在我国乃至世界范围内使用的范围较广。

非卵石状态　仿石壁画　360cm×800cm　作者：张宝贵

北京的张宝贵把中国农民、农村蕴涵的朴素艺术传统、自然天性与当代环境艺术思想结合，利用环保材料创作了大批充分反映中国民族特性的再造石装饰艺术品。现在，包括十三陵博物馆外墙浮雕、北京国际雕塑公园展示的《条码的启示》、中国美术馆收藏的《对话》、中华奇石馆假山、曲阜孔子研究院凤形雕塑等一批作品充分展现着中国再造石艺术创作的魅力。

《非卵石状态》（图2-13）以不规则的仿石块材堆砌成自然状态的鹅卵石，与中间的装饰造型形成对比；粗犷、浑厚的卵石造型惟妙惟肖，与背景——红砖墙又形成了自然形与人工形的对比；弧线与直线形成对比，色彩和谐却有着微妙的变化。

图2-13 非卵石状态

路漫漫　仿石壁画　250cm×600cm　作者：张宝贵

《路漫漫》（图2-14）是张宝贵的又一仿石壁画作品，它以极具寓意的形式、象征的手法，经特殊的材料加工后，形成不同的质感与色彩，朴实、大方且充满了趣味性与哲理，一个脚印寓意一次经历。这件作品的使用范围极广，且容易连续使用，下一次活动使用多加一个脚印即可。特殊的造型已具有鲜明的个性，让人过目不忘，但不宜模仿使用。

图2-14 路漫漫

手法，略显夸张的人物造型充满了动感，人物形象特点突出，造型线条流畅。制作过程中，采用了高浮雕和镂空浮雕的造型，大的形象与起伏处理得恰到好处。

2.2.1.5 石材壁画

如果把绘在墙上的，用以记录人类生活与信仰的图画称之为壁画，那么它的历史至少可以追溯到新石器时代。由此可以推断，石材是壁画历史上使用最古老的材料。它具有坚硬、耐寒、耐高温、不变形、产量高、产地广、色彩丰富、易雕琢等特点，在建筑设计和壁画设计领域应用广泛。在壁画领域，石材被首选用作浮雕壁画，而且最早用来表现写实浮雕，后来应用于建筑装饰浮雕设计。这种具有悠久应用历史的材料，在现代壁画中仍有着丰富的表现力，不仅因不同石质，也由于不同

和平 友谊 团结 进步 合成石浮雕 300cm×8000cm 作者：王熙民、包阿华

《和平 友谊 团结 进步》（图2-15）采用了装饰的

图2-15 和平 友谊 团结 进步

的加工方法和表面处理技术，可以获得极为不同的艺术效果。既可以用色泽纯净、质地细腻的大理石，经精细磨光后充分展示其润泽、典雅、华贵、柔美的质感，也可使用具有较粗颗粒、色彩浓重的花岗石打凿出粗犷豪放的肌理。写实、表现、抽象、构成等多种手法并用，形成丰富多彩的石材壁画风格。由于石材具备矿物质的特征，因而有着其他材质不具备的优点，如坚硬、冷峻、厚重、细腻、廉价等；有的石材还有着特殊的色彩及纹理。应用在浮雕上的石材有：大理石、青石、花岗石、汉白玉等。石材在加工过程中只能用切、削、琢、磨等"减法"处理，因此加工过程必须相当谨慎。

石材的又一优点是会在表面留下岁月的痕迹，尤其用在露天壁画，会增加作品的历史感、沧桑感，使作品更具有古朴、苍劲的韵味。这是大自然给作品表面进行的处理，更显自然，会削弱人工雕琢的痕迹。世界各地现存无数不朽的石材壁画，虽经历风雨的磨砺仍魅力不减，成为被世人永远敬仰的艺术品。另外，石材壁画应用在建筑的表面更容易与建筑相协调，既增加了建筑的魅力，又可以成为独立的艺术品。

室外壁画所用石材一般有两大类：一类是花岗岩，一类是大理石。这两种石材因产地不同，在质感、颜色等方面有所差异，因而石材品种更加丰富，各地的石材壁画也因此而多姿多彩。

图拉真柱浮雕壁画　大理石浮雕

图拉真柱浮雕壁画（图2-16）位于罗马图拉真广场。罗马帝国时期，图拉真皇帝为纪念自己征服达契亚人的伟业，将这段历史雕刻在一根直径3m、高38.7m的石柱上。浮雕壁画由一条高度为1.25m的浮雕带盘旋环绕而上，共绕了23圈，展开后总长达200m。这件浮雕壁画以大理石为材质，共刻画了2500个人物、155个场景。在24m×16m的小院子里树立起高达42m的石柱，其强烈的视觉反差造成心理上的震撼，使人油然而生崇敬感。这种记功柱的形式，被欧洲后世的许多统治者所效仿。

图2-16　图拉真柱浮雕壁画

世界文明　红砂岩浮雕　设计：侯一民、李林琢

图2-17　世界文明（局部）

20世纪90年代，标志性、纪念性的大型壁画被设计、安装在我国重要的文化、风景区域，这些代表了祖国文化的巨型壁画作品，与景区内雄伟的古代建筑组合在一起，形成气势宏大的视觉效果。深圳"世界之窗"的世界广场壁画墙就在此之列。它的主要设计者是中央美术学院的侯一民教授和李林琢教授。深圳"世界之窗"位于深圳南山区，是以展示世界各地文化为主题的大型主题公园，艺术水准较高。《世界文明》（图2-17）是"世界之窗"内的大型石刻壁画带，采用石刻浮雕的形式，长200m、高10m，总面积达2000㎡，分《东方文明》与《西方文明》两大部分，分六块墙面

竖立。《东方文明》总面积为800㎡，内容为中国、日本、朝鲜、印度等东亚、南亚及西亚地区的具有代表性的古代文明。浮雕采用产自湖南湘潭的红砂岩雕刻而成。

这幅壁画作品形成一座巨大的壁画墙体，成为"世界之窗"最具感染力的杰作。它结构严密、造型精美，并以巨大的弧线墙体象征了人类文明的团聚，歌颂了世界各民族艺术和智慧的博大精深，也体现了新时代的恢弘气度和中国气魄。

盛唐风情　白麻花岗岩浮雕　60cm×10400cm　作者：韩宝生等

《盛唐风情》（图2-18）位于西安市大雁塔广场，是专为下沉广场的墙壁而设计的。作品的主题很明确，以浮雕的形式表现了盛唐时期在经济、文化、政治、外交等方面所达到的盛世空前的景况。

图2-18　盛唐风情（局部）

纪元前的文明　花岗岩浮雕　550cm×2000cm　作者：任世民

《纪元前的文明》（图2-19）是一堵壁画墙，位于天津塘沽世纪广场，由中央美术学院任世民教授设计。作品构图别具一格，采用了浅浮雕的艺术形式，分东方文明和西方文明。浮雕虽浅，但画面效果却很强烈。作品设置在城市中央的公共绿地，市民在此地休闲游玩，能够长时间滞留并能细细品读壁画的内容。因此，这类壁画多采用叙事、历史等题材并用写实的手法来表现。

图2-19　纪元前的文明

江海风　花岗岩浮雕　150cm×12000cm　作者：沈启鹏

《江海风》（图2-20）位于江苏南通市濠西文化广场，设计在城市公共空间下沉广场走廊的墙壁上。装饰性的浮雕壁画非常适合运用于这种空间，富有韵律与节奏感的画面构成与现代化的城市空间相得益彰，简洁、概括的直线型形象也适合用花岗岩石材来表现，石材的色彩与环境很协调，作者在单调、坚硬的石材环境中通过壁画来寻求变化与节奏，不张扬却耐人寻味。

图2-20　江海风（局部）

千秋雄关　花岗岩双面浮雕　450cm×12500cm×2cm　作者：兰宝刚等

《千秋雄关》（图2-21）位于甘肃嘉峪关市雄关广场，长125m的环形壁画从体量上来看非常有气魄。这件作品设计在城市公共广场的一角，环形的构图正好与

图2-21 千秋雄关(局部)

整个圆形广场的造型一致,使广场被围拢成相对封闭的独立空间,花岗岩双面浮雕墙具备了壁画与围墙的双重功能。略显夸张并带有符号性质的人物、动物造型有着史诗般的宏伟,嘉峪关的历史被形象地定格在岩石的表面。略带红色的花岗岩更显气势的伟岸,与周边的历史古迹遥相呼应,更显古城风韵。

燎原 花岗岩浮雕 780cm×2800cm 设计:马亚非

主题公园的入口壁画需要作品能够紧扣公园主题,利用石材来做壁画的优势这时就显现出来了。由于这类题材的壁画要表现的故事情节丰富、人物形象众多,因此造型往往很复杂。河南新县鄂豫皖苏区首府烈士陵园入口处的浮雕壁画《燎原》(图2-22)所采用的就是常用的造型手法、倒三角的构图,群体人物动势明显,符合纪念碑性质的壁画特点。

2.2.1.6 陶瓷壁画

陶瓷也是室外壁画经常选用的材料,它耐晒、耐寒、耐酸碱,经久不褪色。陶瓷壁画是火的艺术,是陶土和釉料经过高温烧制后形成的艺术。陶瓷壁画大多是在烧过的陶瓷胚上上釉,然后再烧制而成,一般有高温釉陶板壁画、釉上彩壁画、釉中彩壁画、陶瓷马赛克壁画和利用稀土做原料配合釉料烧制完成的彩釉壁画五种。高温釉上彩壁画的画面沉稳、庄重,格调古朴、雅致,适合应用于纪念性公共建筑外立面的壁画。釉上彩壁画是在建筑用瓷板上上釉,经烧制而成,它制作方便,色彩鲜艳。浮雕式的壁画则先用陶泥成型,再施釉烧制,其特点是粗犷、大气,具有力度之美。镶嵌瓷板壁画和马赛克壁画,色彩变化丰富,通过色块的排列,可以在空间和视觉的混合作用下达到形象的完整性。陶瓷与其他材料组合,也能制作出各种壁画形式,包括砖、马赛克、施釉陶、细陶瓷、琉璃等壁画。由于陶材具有金属不可替代的优越性,如不易氧化、变形、褪色,耐腐蚀性强等而深受艺术家的喜爱。陶瓷材料除了可以贴在墙面上形成壁画的效果,还可以装置成镂空的浮雕效果,充分地体现陶瓷的肌理美感,使作品较为理想地融入建筑空间。

故宫九龙壁

九龙壁(图2-23)位于紫禁城宁寿宫区皇极门外,壁长29.4m,高3.5m,厚0.45m,是一座背倚宫墙而建的单面琉璃影壁,为乾隆三十七年(1772年)改建宁寿宫时烧造。壁上部为黄琉璃瓦庑殿式顶,檐下为仿木结构的椽、檩、斗栱。壁面以云水为底纹,分饰蓝、绿两色,烘托出水天相连的磅礴气势。下部为汉白玉石须弥座,端庄、凝重。壁上九龙以高浮雕手法制成,最高部位高出壁面20cm,形成很强的立体感。纵贯壁心的山崖奇石将九条蟠龙分隔于五个空间。阳数之中,九是极数,五则居中。"九五"之制为天子之尊的重要体现。整座影壁的设计,不仅将"九龙"分置于五个空间,壁顶正脊亦饰九龙,中央坐龙,两侧各四条行龙。两端戗脊异于其他庑殿顶,不饰走兽,以行龙直达檐角。檐下

图2-22 燎原

图2-23 九龙壁

斗栱之间用九五共45块龙纹垫栱板，整座建筑以不同方式蕴涵多重"九五"之数。此外，九龙壁的壁面共用了270个塑块，也是九、五的倍数。为了不损坏龙的头面，分块极为讲究。只有悉心的设计、高超的技艺，才能达到如此精湛的效果。九龙壁是清乾隆时期的名匠"样式雷"构思设计的。据说当雷氏把烫样呈给乾隆审阅时，这位老师傅曾巧妙地解释九龙壁的意义道："数至九九，壁长为暗九，乃应中华国祚万年"。乾隆大喜，重赏"样式雷"，并命工部依样建造。

街头陶瓷壁画　佚名

这件作品（图2-24）正是利用了陶瓷的优点，大胆设计、制作，红、黄、紫三色的应用使形象跳跃，富于动感，在白色横线背景的衬托下形成稳定、和谐的色彩环境，抽象的形象在绿色的植物环境中显现出活力与生机，营造出充满想象的空间。

图2-24 街头陶瓷壁画

墙面装饰陶瓷壁画　佚名

这幅装饰陶瓷壁画（图2-25）的设计别具一格，依附于墙面但构成新的墙面形式，从材质到形式与周边的主体建筑风格一致，在变化中寻求小的节奏。这是壁画设计师与建筑师密切配合，并且对环境都有了深入的理解，才设计出这件理想的作品。

某体育场主席台壁画　佚名

这是很多地方小型体育场馆主体设施常采用的外墙

图2-25 墙面装饰陶瓷壁画

装饰手法（图2-26）。马赛克、瓷砖、琉璃等陶瓷材料的优越性正好符合体育场馆外墙装饰的需要，它们不褪色、色彩鲜艳、明亮，形象经过视觉与空间的调和可达到虚幻、色彩丰富的美感，既起到保护墙面的作用，又美化了环境，作品的主题一定与体育运动有关，借此鼓舞士气，加强主旋律。这件作品在构图上将人物分成三组，色彩由中间的红黄色调将两组蓝色调分隔；人物略显夸张、其他部分用装饰的手法处理。

图2-26 某体育场主席台壁画

2.2.1.7 综合材料壁画

壁画在空间环境中的应用已不仅仅局限于在某一墙面上进行设计与制作，从而达到装饰或实用的目的。当代壁画的概念外延已经延伸至各种新材料、新形式的运用，甚至打破传统，涉及建筑、雕塑、绘画、摄影、装置、景观等各种领域，形成具有综合性特征的现代壁画语言。壁画依附于建筑，建筑是壁画的载体。因此，建筑与壁画的结合始终是壁画创作的基础，综合了浮雕、手绘、镶嵌、雕刻等各种手法及各种材料设计的壁画综合体，使壁画形式丰富多彩。尽管如此，特殊的壁画形式仅仅限于特殊的建筑空间，使用的机率较小，设计难度与施工难度较复杂，效果的单纯性也值得推敲。

破镜重圆　佚名

《破镜重圆》（图2-27）是用破废的砖块镶嵌而成，是一幅纪念台湾9.21地震灾难的作品。参观者可以在其上签名。这件作品从概念上讲仍属于壁画，创作手法简单，但意味深长。用看似简单的材料和简单的手法制作，这种壁画创作方式非常值得我们学习，其艺术性与理论高度也都值得我们借鉴。

图2-28　廊桥

图2-27　破镜重圆

廊桥　佚名

这件作品（图2-28）从整体上看像一个建筑景观，但从局部分析，它的画面部分仍属于壁画的范畴。首先，它所构成的主体艺术部分是由二维的图画构成；其次，图画所在的位置置于两侧的竖立面和顶面；最后，画面形成一个有主题的整体。这种非传统的壁画形式，我们学环境艺术的同学更容易吸收与借鉴。壁画的形式可以是一种观念的设计与表现，可以不是单纯的专业性很强的画种，它可以成为公共艺术设计师表达理念的载体。但有一点最重要，即无论采用哪种壁画的形式，壁画本身必须与空间环境相和谐。

德国柏林城铁站壁画

用壁画的制作手法来装饰建筑的局部，既是建筑的附件，又是壁画，两者相互融合，恰到好处。壁画设计在老建筑的墙面，既不破坏墙面，又较好地运用了墙体，壁画设计既古老又现代，浮雕、绘画等多种手法与石材、砖等材料的运用，极富特色（图2-29）。

图2-29　德国柏林城铁站壁画

2.2.1.8 玻璃壁画

玻璃是值得广泛使用的新型壁画材料，现代建筑使用玻璃的面积越来越大，门、窗、幕墙成为使用玻璃最多也最容易在此做壁画文章的地方（图2-30）。

彩色玻璃镶嵌壁画　作者：叶武林

中国现代文学馆的彩色玻璃窗壁画——《茶馆·家·

图2-30　玻璃刻线壁画

祝福·原野等人物谱》（图2-31）恰切地烘托了这座殿堂的文学氛围，给人以强烈的视觉震撼力。作者突破了彩色玻璃窗传统的既定模式，把画稿分解成油画笔触般的不拘泥于具体形象的各种色块，与具体形象的轮廓线时合时离，突出了色块之间的对比效果和色块交错结合的节奏，显示出人物和环境的层次感。这种处理手法，较之西方古典彩色玻璃窗用铅条围系的图案式的勾线平涂，显得结构自由、色彩跳跃、活泼，营造的室内空间撼人心魄，视觉效果令人叹为观止（图2-32）。

2.2.2 室内壁画

建筑的空间环境主要分两个范畴，即内部使用空间和外部空间。内部空间是建筑主要营造的空间，体现某种功能，多是围合性的空间或半围合性的空间。外部空间是建筑与建筑之间相互形成的具有使用功能的空间，是开敞性的空间。

建筑的内部空间是由地面、墙面、天花板围合而成的使用空间，它所形成的相对封闭的空间，体现着可居、可用等人们的活动与使用这一功能。同时，它在空间组合中又分为主空间与辅助空间，形式上分为稳定性空间和流动性空间。

所谓的主空间指的是建筑主要功能的体现，如公共场所的大厅、楼宇的大堂、公共建筑的使用大空间等。另外，主空间都有一个共同的形态特征，即相对稳定的使用功能。这一特征就使得壁画的内容及形式只需与内部空间相协调，而不受外部自然条件的限制，壁画的设计方法、表现方式及内容更为宽泛、丰富。

辅助空间为次要空间，如走廊。主空间是相对稳定的，辅助空间是相对流动的，主空间与辅助空间具有的不同特征决定了室内壁画有不同的形式与内容。主空间是相对独立的空间，壁画只需寻求与这一空间的关系，因而室内壁画创作所受的限制要小于室外壁画。与室外壁画相比，室内壁画自身的个性相对强些，对内部空间环境再创造的作用更大。如果壁画存在于主体空间环境中，就要求壁画起到稳定、渲染、烘托的作用。

在流动性空间中的壁画则相反。在流动的辅助空间中的壁画不应该太具象，因为这一空间的主体——人的状态是动态与暂时的，不能长时间驻足欣赏，否则有碍人群的流动，这与空间的功能相一致。室内空间的特征决定了室内壁画要比室外壁画在题材内容的表达，材料技法的应用上更丰富多样。因此，室内外的空间环境特征决定了壁画的风格、材质与特点。比如，庄重、严肃的公共空间，壁画应在设计上突出硬朗、严谨、朴实的

图2-31　茶馆·家·祝福·原野等人物谱（局部）

图2-32　玻璃窗壁画营造的室内空间效果

特征，宜选用质地坚硬的材料。娱乐、休闲环境的壁画设计则应追求轻松、活泼的风格与题材，选用的材质尽量做到色调明快，视觉上亲切、柔和。空间狭小的室内壁画还要承担延展空间环境的作用与功能，同时也参与了室内空间的再创造。另外，室内灯光与自然采光都影响到壁画的视觉效果，在设计过程中应充分考虑。

2.2.2.1 手绘室内壁画

（1）国内优秀室内手绘壁画作品个案解析

敦煌壁画《九色鹿本生故事画》 莫高窟第257窟 北魏

敦煌壁画是我国古典美术的重要组成部分，泛指存在于敦煌石窟中的壁画。敦煌壁画包括敦煌莫高窟、西千佛洞、安西榆林窟等共552个石窟内的历代壁画，约有五万多平方米，是我国也是世界上面积最大的石窟群壁画。敦煌壁画是敦煌艺术的主要组成部分，规模巨大，技艺精湛，内容丰富多彩。它和别的宗教艺术一样，描写神的形象、神的活动、神与神的关系、神与人的关系，寄托人们美好的愿望，是安抚人们心灵的艺术。因此壁画的风格具有与世俗绘画不同的特征。著名的敦煌壁画有《九色鹿救人》（图2-33）、《释迦牟尼传记》、《萨锤那舍身饲虎》等本生故事画。敦煌莫高窟前后兴建了一千年，其壁画内容丰富，形式多样，精深宏博，是一座具有完整体系的艺术宝库。

敦煌壁画中的本生故事画是描绘释迦牟尼生前的各种善行，宣传"因果报应"、"苦修行善"的生动故事的画作。本生故事是敦煌早期壁画中广泛描述的题材，如"萨锤那舍身饲虎"、"尸毗王割肉救鸽"、"九色鹿舍己救人"、"须阇提割肉奉亲"等。这些壁画虽然都打上了宗教的烙印，但仍保持着神话、童话、民间故事的本色。

龙女　设计主笔：张光宇

《龙女》（图2-34）是张光宇先生于1933年为上海国际大饭店所作，作品表达了遭列强欺凌掠夺、国难当头的忧患意识和捍卫民族尊严与独立的社会责任感。尽管是饭店内装饰墙壁之用，画家的艺术诉求并没有仅限于感官的赏心悦目。在20世纪的前半个世纪，我国壁画作品为数甚少，却大多有高扬的主题。这固然直接起因于艺术家在关乎民族存亡的危难时期唤起民众奋起抗争的良知和责任，其实也是悠久的"文以载道"、"诗言志"的中华文艺传统的延续。《龙女》这件作品尽管是单色水墨，却丝毫没有减弱它的艺术魅力。

图2-34 龙女

中国神话　设计主笔：吴作人、艾中信

20世纪50年代至70年代，在北京的一批公共建筑物和我国其他地区的个别小型公共建筑物中出现了几幅壁画，是新时代建筑壁画的发荣之始。其中吴作人、艾中信为北京天文馆大厅穹顶所作油绘壁画——《中国神话》（图2-35），描写了夸父、女娲、嫦娥、牛郎织女等神话人物遨游太空的情景，环形的构图，简单、明快的色彩，中国式的人物造型，代表了那个时代我国公共艺术的雏形。

哪吒闹海　重彩手绘壁画　340cm×1500cm　设计主笔：张仃

1979年，张仃先生接受了国家民用航空管理局的

图2-33　九色鹿本生故事画（局部）

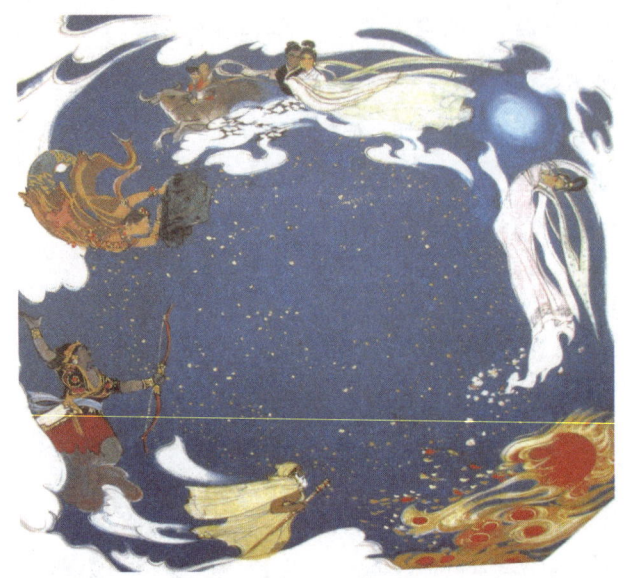

图2-35 中国神话（局部）

图2-36 哪吒闹海（局部）

委托，率领以中央工艺美术学院教师为主的14位壁画家辛勤工作一年多，为新建的北京首都国际机场候机楼绘制了一批精美的壁画。其中包括《哪吒闹海》、《白蛇传》、《巴山蜀水》、《生命的赞歌——欢乐的泼水节》、《黛色参天》等壁画杰作。这个壁画群的问世，以数量多、幅面大、艺术水平高、风格面貌新的群体优势，冲破了传统单一的壁画思维模式，带动了国内艺术界在艺术上展开多样性、多元化的追求和探索。

这批壁画的题材内容宽泛、轻松，以神话故事、民俗风情、山川秀水为主，而不拘泥于与时政密切相关的重大主题。这批壁画在吸收中国传统绘画技法的基础上，形成了具有现代意味的装饰画风，与前期中国绘画主脉源自西方的写实画风迥然不同，揭开了20世纪80年代中期中国绘画走向广开思路、多方探撷的序幕，为此后真正实现百花齐放的局面落下最早的一笔浓墨艳彩。

《哪吒闹海》（图2-36）设计在机场候机楼二楼东餐厅东壁，由张仃、申玉成和曾在雍和宫绘制壁画的老艺人等8人共同绘制。作品取材于《封神演义》，采用传统重彩的形式，描写了小英雄哪吒出世、闹海、斗恶龙和复仇的故事。这件壁画在设计上有独到之处，即以平面对称向心的传统形式构图，理想主义与装饰构图结合运用，十分巧妙。壁画的色彩绚丽且以铁线描功力见长。画中的人物、云气、海浪的造型采用方中见圆、圆中见方的绘画手法，具有强烈的中国特色与时代精神。在绘制这幅壁画前，先对墙面进行了处理，使其表面有肌理的效果。壁画颜料全部采用矿物质材料，如朱砂、石绿、石青、铅粉、金粉等。所有的颜料均手工研磨加工而成。画面反复渲染，并结合喷绘的手法，整体来看，画面气势博大，色彩绚丽辉煌，是中国现代壁画的代表作之一。

白蛇传　丙烯重彩壁画　200cm×700cm　设计主笔：李化吉、权正环

首都国际机场候机楼壁画及其他美术作品于1979年9月26日举行落成典礼。这是建国以来我国美术工作者第一次大规模的壁画创作，也凝聚着景德镇、邯郸磁州窑、昌平玻璃厂工人的心血，是一座以集体力量树立起来的纪念碑。

带有强烈中国传统绘画风格并具有现代装饰画风的机场壁画大多以祖国大好河山及风景为主题，同时民间传说故事也是这批壁画反映的主要内容。壁画《白蛇传》借助于优美的神话故事表达了民族文化的人文精神和现代人的观念，表现出艺术家所具有的前卫性，其题材选择、造型色彩的运用，凸显了更为大胆的构想。作者将《白蛇传》的故事描绘得清新飘逸、令人神往。在构图上极尽表现故事的主人公白、青二蛇，冷色调处理符合故事的悲剧性。特别值得称道的是人物的造型及画

面构图，优雅且富有节奏。作者运用了古代敦煌壁画色彩与造型语言，在壁画借鉴传统、发挥装饰性风采方面，迈出了富有开拓意义的一步（图2-37~2-39）。

图2-37　白蛇传（局部一）

图2-38　白蛇传（局部二）

图2-39　白蛇传（局部三）

巴山蜀水　丙烯重彩壁画　340cm×2000cm　设计主笔：袁运甫

《巴山蜀水》（图2-40）位于老首都机场二楼东餐厅西壁，由袁运甫设计，并由袁运甫、杜大恺等6人用丙烯材料绘制而成。《巴山蜀水》以雨后长江为题材，描绘了从重庆顺流而下，抵达白帝城再至夔门的山水景色。作者为创作这幅壁画曾数次自重庆沿长江至上海实地写生，从而获得巴山蜀水的神韵与气势。这幅壁画既包含了对传统"青绿金碧山水"的理解，更体现了形象生动、质朴恢弘的气势，表现出了陈毅诗中描写的"峨岷高万丈，夔巫锁西风，江流关不住，众水尽朝东"的境界。

作品在画面构图上，用垂直线将整个画面分割成11块屏风式画面，以此与建筑相协调，既注重整体构图气势的连贯，又考虑到每一块分割画面的完整性，使每一块画面都具有引观者视线停留的吸引力，增强了画面的安定感。色彩整体单纯、沉静，采用了从暗部向亮部渲染，再从亮部塑造的手法，最后通体罩色。这幅壁画在绘制过程中采用了线描、渲染、点染、局部堆塑形象、拍染、喷绘等手法，可以说是中西画法的结合。

这件作品影响了几个时代的艺术家。作品以它独特的视角，将长江三峡尽收眼底，巨大的山峰、源远流长的长江统一于青色的色调之中，见过这幅壁画的观众无不被它的气势所征服。

生命的赞歌——欢乐的泼水节　丙烯重彩壁画
设计主笔：袁运生

《生命的赞歌——欢乐的泼水节》（图2-41）设计在首都机场候机楼二楼西北的餐厅内。据傣族传说，相互泼水是傣族人民洗刷被恶魔毒汁污染了的身体和互致祝贺的一种优美的活动。此壁画是来自生活的创作。画家通过观察、体验，深深地为傣族人民的生活所感动，从而激发了创作灵感，才有了这样一幅充分表现傣族人民欢歌笑舞、富有诗情画意的生活景象的作品。20世纪七八十年代的画家有个普遍的共性，即个人造型能力非

图2-40 巴山蜀水（局部）

图2-41 生命的赞歌——欢乐的泼水节（局部）

黛色参天 丙烯重彩壁画 设计主笔：张仲康

这件作品用丙烯绘制，画面的前景为生长在一起，连绵不断的大榕树，压低了的地平线使大树更显顶天立地，画面的中景唯有一只警惕伫立的梅花鹿，更显出画面的幽静与生机。远景是模糊在雾气之中的树干，尽显森林空间的深邃与遥远（图2-42）。这件作品对我们的启发是：大型壁画在造型上应极尽严谨，且带有一定的装饰性；色彩宜偏重冷色调，使画面空间后退，增加建筑空间的纵深感。

常强。袁运甫、袁运生两位兄弟画家，二人在色彩和线描方面都有着超出同时代画家的表现能力。而且壁画创作来源于生活并高于生活。这件作品首次将女人体搬到公共场所的墙壁上，这无疑是对当时社会接受能力的挑战。结果这件壁画的局部被遮盖了十年多，直到1990年年底才重新打开。壁画重见天日，这对艺术家来说是巨大的鼓舞，也是值得重视的经验。这幅构图、色彩及技法均属上乘之作的巨幅壁画虽被遮盖数年却没有被铲掉和改画，可以说是一种幸运。我们从中得到的启示是：壁画创作绝不是单纯的个人绘画，它属于公共的艺术，壁画设计师应把自己的个性与大众的审美爱好相结合。

图2-42 黛色参天（局部）

美丽、富饶、神奇的西双版纳 丙烯重彩壁画 250cm×750cm 设计主笔：丁绍光

受首都机场壁画的影响，人民大会堂自云南厅开始，选择壁画作为各个高大、宽敞的省厅装修的主要艺

术手段,并在十多年间,完成了由丁绍光创作的丙烯绘壁画《美丽、富饶、神奇的西双版纳》、蒋铁峰绘制的《石林春晓》等壁画。

丁绍光是杰出的现代艺术家,11岁时就显示出不凡的创造力和才华,曾执教于云南艺术学院。1979年,丁绍光将大型壁画《美丽、富饶、神奇的西双版纳》献给了人民大会堂,同年又出版《丁绍光西双版纳白描写生集》,并创建了闻名中国现代画坛的云南画派。1980年定居美国后,他始终以一位艺术家对艺术顽强、执着追求的精神,把中国的传统艺术与西方现代艺术相结合,进行不断探索和创新,创造出了融合各艺术流派为一体、以线描和重彩为特色的具有中国情愫的现代艺术,成为享誉世界的著名艺术家。据说当年云南省政府为这张壁画特批外汇,从香港购回荷兰丙烯颜料,绘制在裱于木板的绢上。这件巨作色调明快,造型极有云南特色,是丁绍光的代表作(图2-43)。

图2-43　美丽、富饶、神奇的西双版纳(局部)

长白山的传说——天池仙女　丙烯壁画　作者:黄金城

20世纪80年代,受西方文化、经济的影响,我国壁画艺术创作进入多元化发展格局,不同风格、不同题材的壁画纷纷上墙。这件丙烯绘壁画装置于人民大会堂吉林厅,壁画以吉林的地域风土人情和民间传说为题材,精心构思、精心绘制而成。画面人物造型优美、色彩淡雅,是一件难得的壁画佳作(图2-44)。

图2-44　长白山的传说——天池仙女(局部)

唐人马球图　丙烯壁画　设计主笔:张世彦

《唐人马球图》(图2-45)装置于北京天坛体育宾馆。1984年,纤维壁画《唐人马球图》被中国奥林匹克委员会当做国礼,赠送给国际奥林匹克委员会,并被安置在国际奥委会瑞士洛桑总部。在《唐人马球图》中,张世彦先生抒发古代国技之意趣,从竞赛动势中揣摩壁画的构造因素,选取开球、争夺、射门等多个瞬间,以相对对称的构图手法营造出绘画气象。左右两组争夺场面既可分别被看成一个骑手的连续击球轨迹,又可被视为黑白两组选手的群体形象。随着人马、月杖的动作起伏变转,色彩由外向内逐渐变暖,不但增强了动感,而且使画面中心顿生激情。整个作品仿佛一幅变体的卦

图2-45　唐人马球图(局部)

象，跃动着自然节律，包含着天地精神和人间秩序，奏响了"天行健，君子以自强不息"的高亢赞歌。《唐人马球图》释发出"自尊"、"自强"的民族精神，将"深沉和高扬"的内涵从广度和阔度上不断拓展。

红烛序曲　油彩手绘壁画　设计主笔：闻立鹏、张同霞

《红烛序曲》是一件纪念闻一多先生的主题性壁画，设置在湖北浠水闻一多纪念馆内，所用材料为油画颜料。作品没有采用叙事性的写实手法去描绘先生的生平事迹，也没有采用完全装饰的手法，而是将写实、写意两种表现手法同时运用在画面中，追求红色的主题，形成主题明确的画面（图2-46）。

图2-46　红烛序曲（局部）

长城　重彩壁画　设计主笔：袁运甫、袁佐、袁加

袁运甫先生的壁画除具有装饰环境的功能外，还能在墙面上制造新空间的效果，在视觉上给观者以幻觉，如同进入了新的空间。《长城》这件作品本身有着强烈的透视空间，同时又被置于一个独立的空间中，在灯光的烘托下，产生了凭窗远眺的视觉效果（图2-47）。

黄鹤白云　釉绘壁画　设计主笔：周令钊　1984年

周令钊作釉绘壁画《黄鹤白云》，与楼家本作胶彩绘壁画《江天浩瀚》、孙景波作釉绘壁画《黄鹤史话》、华其敏作釉绘壁画《人文荟萃》、戴士和作丙烯绘壁画《黄鹤楼的传说》一同装置在武汉黄鹤楼。《黄鹤白云》是一件用传统技法与现代装饰手法绘制的壁画作品。画面中除人物之外，其他景物形象几乎都做了装饰性的处理，尤其是前景的松树和白云。作者一丝不苟地描绘了黄鹤楼及其壮观的环境，衬托得主体建筑如同在仙境一般（图2-48）。

图2-48　黄鹤白云（局部）

图2-47　长城（局部）

解放福建　油彩绘半景画　800cm×1700cm　设计主笔：李晓伟

半景画是表现某一重大题材的一种综合性艺术陈列形式，它运用了绘画、雕塑，配以音响、灯光、解说及特技效果等，逼真地再现历史的特定场景。《解放福建》设置在福建省革命历史纪念馆半景画馆，历时3年创作，是全国最大的半景画。作者把不同时空的两个战役表现在一幅1360㎡没有接缝的画布上，这在半景画的创

作史上是没有先例的。地面塑形部分,除人物之外,景物造型使用的都是实物或用钢筋水泥制作的模型,配上声、光、电和特技,地面塑形与画面连成一体,达到以假乱真的效果(图2-49)。

图2-49 解放福建(局部)

攻克锦州 全景画

全景画大型环状室内壁画多以油画为主。画面覆盖圆形大厅整个内墙面,可供观众环顾四周以欣赏。以不同时空和众多情节场景组成的画面,从不同的侧面反复强调同一主题。并陈列一些与主题有关的模型于画面之前,在剧院式灯光效果下,与画面重叠交错,作为一种辅助表现手段使观众获得身临其境的真实而特殊的感受。有的甚至加上音响、旁白、活动模型和道具,形成一种综合性艺术。题材多为战争场面,美术史上第一幅全景画为爱尔兰画家巴凯尔1787~1788年完成的。19世纪后期,全景画在法国、德国、俄国、波兰、匈牙利等国先后发展起来。前苏联的《斯大林格勒大会战》规模宏大。中国画和日本画中山水、风俗长卷,在一定意义上可认为是全景画,如中国北宋张择端绘制的《清明上河图》。我国现代的全景画代表有《攻克锦州》(图2-50),该作品装置于辽宁锦州辽沈战役纪念馆。这幅全景画揭开了我国全景画后来称雄世界的序幕。

春山绿曲 丙烯手绘壁画 设计主笔:刘青砚、宋丰光

这件作品装置于山东泰安火车站,带有明显的装饰风格。画面构成采用大大小小的弧线形,树叶由不同

图2-50 攻克锦州(局部)

的点状构成。金色的背景让变化的绿色更显得春意盎然（图2-51）。将树木花卉作为壁画表现的题材是许多壁画家常用的中性手法，委托方也容易接受这类作品。以风光为题材的壁画可以放置在不同的建筑空间，没有主题性，只是为了达到装饰环境的目的。

图2-51 春山绿曲（局部）

报春图 磨漆画 290cm×1100cm 设计主笔：张连生

磨漆画在室内壁画中的应用很广泛，尽管制作程序复杂，但画面的最终效果非其他画种能相比。因此，磨漆画受到很多人的青睐。《报春图》装置于江苏淮阴卷烟厂，这件巨幅磨漆画放置在冰冷的大堂，如同打开了一扇春天的窗户，满院的春色扑面而来（图2-52、图2-53）。总体来说，这件作品的设计是成功的。稍显不足的是画面底部色彩太暗，与上半部分的明快对比太强，表现春天轻松、愉悦的气息稍显不足。

图2-52 报春图（局部）

图2-53 报春图（全景）

牛郎织女 丙烯绘壁画 设计主笔：李化吉、权正环

壁画《牛郎织女》装置于美国纽约中国文化中心，以其独特的构图、优美的造型、淡雅的色彩，吸引了许许多多过往的中外旅客。这幅巨画的作者是曾任教于中央美术学院和原中央工艺美术学院的夫妻壁画家李化吉和权正环。《牛郎织女》以淡雅的蓝色为主色调，以流动的云纹构成了画面的框架，人物以弧线造型安置在画

图2-54 牛郎织女（局部一）

图2-55 牛郎织女（局部二）

面中间，疏密结合，极具韵律感（图2-54、图2-55）。

唐宫佳丽　丙烯重彩壁画　320cm×3700 cm　设计主笔：杜大恺

这件作品装置于西安皇城宾馆。在1992年邓小平南巡讲话之后，我国的经济体制改革步入一个转型期，文化艺术界也开始了缓慢而深刻的变革，壁画创作又进入了一个高峰期。《唐宫佳丽》是原中央工艺美院的杜大恺教授于1993年为西安皇城宾馆创作的。这件作品以水墨宣纸为材料，作者在工笔与装饰之间选择了合适的手法，大量的直线造型加强了画面的力度，色彩的渲染和渐变使人恍若进入久远的唐代（图2-56）。杜大恺先生在水墨壁画这一领域开拓了一个极富特色的风格。

图2-56　唐宫佳丽（局部）

（2）国外优秀室内手绘壁画作品个案解析

美杜姆群鹅图　奈费尔玛特及其妻墓室壁画　公元前2530年

《美杜姆群鹅图》又称《鸿雁图》，是古埃及第四王朝梅杜姆墓室壁画的一条边饰，全幅共描绘了6只鹅。这幅壁画以其令人惊叹的写实而闻名于世。动物学家称，画中所描绘的"群鹅"与现实生活中大雁的身体结构、羽毛排列完全一致。画面构图呈长条形，六只"鹅"形成大致对称的装饰图案，透露出生机盎然的气息（图2-57）。

图2-57　美杜姆群鹅图（局部）

女乐师的行列　纳赫特墓室壁画　底比斯　公元前1420年

这是一幅表现宴乐场面壁画的局部（图2-58）。三位女乐师一个弹竖琴、一个奏吉它、一个吹笛，或专注潜心，或

图2-58　女乐师的行列（局部）

转身顾盼，亦静亦动，仿佛随着音乐，乐师的情绪也在激荡。画面人物的头发、饰带、五官和颈间的饰品仍然保留着古埃及美术浓厚的装饰意味。

采摘葡萄　纳赫特墓室壁画　底比斯　公元前1420年

这件作品是书记官兼天文学家的纳赫特的墓室壁画。值得我们学习的是它独具特色的画面构图，简洁、朴素而别有韵味，其色彩也十分清新、单纯。作品虽然严格按照埃及绘画的规则布局，但画面给予观众的是富于变化和情致的故事。这一系列壁画所表达的内容主要是耕作、播种、收获、簸谷、酿酒等场面（图2-59）。

图2-59　采摘葡萄（局部）

阿赫纳顿国王的女儿　阿赫纳顿墓室壁画　公元前1365年

尽管还是墓室壁画，但这件作品具有特殊的意义。首先，人物动作与神态已经打破原有的规范模式，开始接近真实，悠闲且自然。其次，整体色调的运用打破了

原有的固有色模式（图2-60）。

图2-60　阿赫纳顿国王的女儿（局部）

梵蒂冈西斯廷礼拜堂拱顶湿壁画　拱顶装饰画　1300cm×3600cm　米开朗基罗　1508～1512年

西斯廷礼拜堂拱顶的一整幅湿壁画展现了一位艺术家用个人之力所能创作的场面最宏大的装饰画。米开朗基罗为整个建筑结构注入了生命，他将拱顶分隔开以组织画面空间；在这空间中，他画了300多个人物形象，代表着新柏拉图理论中安魂的根源及其返回到上帝的主题(图2-61)。

在拱顶的最高部分，米开朗基罗用《创世记》神话中的九个故事分别画了九幅巨型湿壁画。其中五个画面稍小些，周围有四个裸体人像各占一角。这些画面分别是：《诺亚之醉》、《诺亚的献祭》、《创造夏娃》、《分开海水与陆地》以及《分开光明与黑暗》。另外四幅大一些的画面被安排在几对拱弧之间，即：《大洪水》、《原罪与逐出乐园》、《创造亚当》和《创造众星》。

最后的审判　1379cm×1220 cm　米开朗基罗

1535年末，米开朗基罗已年逾六十，在完成西斯

图2-61　梵蒂冈西斯廷礼拜堂拱顶湿壁画（局部）

廷教堂天顶画后，教皇兴奋异常，根本不顾艺术家年事已高，企图"让他显示其绘画艺术的全部威力"，要求他为西斯廷教堂祭坛后面的大墙绘制壁画。这种疯狂的艺术剥削行为，使米开朗基罗身心俱悴。老艺术家从1535年末至1541年10月31日止，用了近六年的时间，独立完成了这一幅体现着画家大无畏艺术魄力的多人物构图《最后的审判》，在这块将近 200m² 的祭坛后的大墙上，他绘出了数以百计的等身大小的裸体群像（图2-62）。《最后的审判》是圣经的传统题材，在所有的教堂里几乎都有这个主题的壁画。

图2-63 墨西哥司法权利历史博物馆壁画（局部）

图2-62 最后的审判（局部）

墨西哥司法权利历史博物馆壁画　奥古斯丁·卡尔德纳斯　1976年

该壁画置于墨西哥中部米却肯州首府莫莱利亚城的墨西哥司法权利历史博物馆内，作者是当地著名壁画家奥古斯丁·卡尔德纳斯。壁画完工于1976年9月28日（图2-63）。该壁画主要是为了纪念墨西哥历史上的两个重要事件：其一，1814年在米却肯州制定了墨西哥的第一部宪法；其二，1815年在米却肯州建成了墨西哥的第一座最高法院。此外，这组壁画也向墨西哥独立战争的领袖——民族英雄莫雷洛斯表达了敬意。莫雷洛斯品德高尚，为人刚直，在领导墨西哥独立战争中表现出了卓越的军事指挥才能和杰出的政治驾驭能力，被墨西哥人称为"民族的公仆"。

2.2.2.2 金属室内壁画

金属壁画的材质属于硬质材料，它的历史悠久，工艺精湛，在近代进入建筑空间成为艺术作品，且应用广泛。金属工艺主要分为铸造、锻造、焊接、化学腐蚀等。现今，发达的工业为金属壁画提供了无限的可能，新型的复合材料更拓展了金属壁画的表现手法与使用空间。金属材料具有耐高温、耐寒、强度高、不易变形、形态变化丰富等特点，因此在设计金属壁画的过程中应发挥它的优势。

以下，我们还是通过解读国内外优秀的壁画作品，来学习和借鉴。

理想之光　煅铜　230cm×800cm　设计：曹力

《理想之光》设置在北京师范大学艺术系。用金属线来造型在金属壁画中是少见的，中央美术学院曹力教授独特的用线造型能力在壁画界首屈一指。放射状的构图，超越时空的想象，多种色彩的应用，使《理想之光》（图2-64）在白色大理石的衬托下节奏明快，充满青春的浪漫与活力。

图2-64 理想之光

鞍之战 铝板腐蚀 200cm×400cm 设计：邵旭

《鞍之战》设置在山东济南市博物馆。这件作品的灵感或许源自汉代的画像石和画像砖，独具特色的表达方式是壁画的魅力所在。人物、动物造型古朴且带有符号化特征（图2-65）。这件壁画与其所处的博物馆环境相当和谐。

图2-65 鞍之战

图2-66 交通魂（局部）

交通魂 锻青铜 540cm×430cm 设计：贾濯非

《交通魂》设置在陕西西安交通大学钱学森图书馆内。这是一件主题性壁画，作者引经据典，把中国历史上与交通相关的文明资料巧妙地设计在一幅画中，浮雕式的表现方式更显起伏变化的丰富，青铜单一的色彩透露出历史的久远，人物刻画到位，浮雕制作技法娴熟，是一件难得的精品（图2-66）。

永远的太阳 铜浮雕 260cm×1100cm 设计：叶健

《永远的太阳》设置在青岛电台调度信息大楼内。以龙凤为题材进行的壁画设计很容易落入俗套，但这件作品却显现出高雅的气质和独特的韵味。究其原因，主要是画面的构成采用了许多现代的手法，使用了现代的符号语言，另外浮雕的造型把握也很到位，铜的色彩提高了壁画的品位（图2-67）。

源 不锈钢浮雕 1600cm×450cm 设计：马克辛

《源》设置在辽宁沈阳浑南移动通讯公司办公大楼内。这件作品设计得非常现代，紧扣建筑的使用功能，

图2-67 永远的太阳

不锈钢的材质更显现出时代的风韵。作品没有具象的造型，长短、大小不一的长方形自下而上排列，仿佛电波在空中传递。直线形的画面构成，直线型的画框，同样直线型的背景，又处在直线型的建筑空间中，一切都显得和谐与现代。背景的粉绿在无意之中增添了环境的生机与活力（图2-68）。

秦统一　锻青铜浮雕　500cm×400cm　设计：李守仁

这件作品设置在陕西西安交通大学钱学森图书馆内。排山倒海的气势、无可挑剔的造型，使这件作品充满了力量。青铜的色彩、浮雕制作的精确，仿佛把我们带到了当年的秦军阵营中（图2-69）。这是一件技术含量极高的主题性作品，也是一件专业性很强的力作。

图2-69 秦统一（局部）

2.2.2.3 石材室壁画

濒死的狮子　尼尼微巴尼帕王官浮雕　公元前700年左右

对角线构图，描绘受重创而濒死嚎叫的狮子，用线曲直结合，渲染了不平凡的情绪效果，造成强有力的节奏感。每一块肌肉都处于强烈的紧张中，显示了雕刻家对野性的粗犷的动物生命的体会与把握（图2-70）。

猎狮　鹅卵石室内面镶嵌　公元前300年

《猎狮》现存于马其顿培拉城考古博物馆内。作为

图2-68 源

图2-70 濒死的狮子（局部）

阿希巴尼拔王宫最杰出的浮雕作品，《猎狮》为连环构图，表现游猎的整个过程。浮雕具有坚实的写实技巧和刚健澎湃的力量效果（图2-71）。

图2-71 猎狮（局部）

北大荒人颂

合成砂岩浮雕　720cm×2800cm　设计：杜飞

这幅呈弧型的浮雕高近8m，长28m，总面积210m²，设置在黑龙江省农垦博物馆，是目前国内最大的室内浮雕。该作品曾获得第十届全国美展壁画银奖。壁画描绘了自1947年始，一批又一批复转官兵、知识青年开进荒凉的北大荒，在最凶险、最原始的条件下开发、建设北大荒的故事。他们中，有60多名戎马一生的老红军，有曾与日军浴血奋战的老八路，有16000名为新中国而战的勇士，更有抗美援朝的英雄，一个个都功勋卓著，却怀着建设北大荒的共同心愿挺进北大荒。

在作品泥稿的塑造阶段，杜飞组织了一个塑造小组，紧张阶段，人员多达20人。工作场地设在北京著名的798国际艺术城一座高大的雕塑工作间内。近百吨的雕塑泥，铺天盖地附着在钢管搭建的巨墙上，最厚处达到30cm，工作台面共分四层。画面中共塑造了138个人物。经过四个月的艰苦创作，这一巨幅浮雕壁画终于完成。

创作这种历史题材的壁画，设计者如果能亲身经历或对那个年代有清晰的记忆，则是非常理想的。杜飞老师恰恰有着北大荒的亲身经历，他怀着对北大荒人深厚的感情，在设计、制作的过程中倾入了全部的心血。在壁画设计过程中，杜飞和博物馆的总策划韩乃寅共同修改到第26稿。大量的浮雕人物造型需要壁画家有很强的造型能力才能驾驭画面，博物馆特殊的环境空间用单色的合成砂岩浮雕来制作壁画非常理想。那种对逝去岁月的追忆在朴素的画面里延展开来，让真正的北大荒人产生无限的怀念与留恋，也让后人对那段往事有了更直观的认识（图2-72）。

图2-72 北大荒人颂（局部）

图2-73 长白颂（局部）

图2-74 中华千秋颂（局部）

长白颂　大理石刻线　38cm×400cm　设计：马大勇

刻线的造型和线条极其流畅，壁画不仅以其恰切的内容，而且在材料处理及画面的造型语言上和整个建筑空间取得非常协调的效果。身处大厅的人们无不为整个空间所形成的既富现代感又具有强烈的传统文化气息的艺术氛围所感染（图2-73）。特别是壁画与整个室内装修形成的文静、雅致的审美情趣给人留下极其深刻的印象。

中华千秋颂　石质浮雕　500cm×11700cm　设计：袁运甫、杜大恺等

北京中华世纪坛大型艺术项目《中华千秋颂》是中华世纪坛的重要组成部分。巨型浮雕壁画《中华千秋颂》经过了两年的设计制作和安装。壁画高5m，周长117.6m，从设计到制作、安装历时近两年，其恢宏的气势、构思巧妙的设计、精美的工艺制作，都堪称历史性的杰作，是目前国内规模最大的室内环形浮雕壁画。更值得一提的是，整幅壁画用了15种采自全国不同产地的不同颜色、不同质感的天然石材，采取拼镶、浮雕等方法制作而成。

据壁画的总体设计师——清华大学美术学院袁运甫教授介绍，整幅壁画设计是以中华民族五千年历史为主线，围绕"先秦的理性精神"、"汉唐的包容气概"、"宋元明清的公忠气节"、"近现代百年历史"为主题，用不同历史时期的重大历史事件、代表人物、文化经典贯穿下来，一气呵成，宛如一幅历史的长卷，悠悠的远古一直到我们亲历的时代，展现了中华民族生生不息的发展道路和绵绵不断的灿烂文化（图2-74）。

整幅壁画刻画了200多个人物，3m以上的大型人物就有62个。在人物的刻画上采用写实的手法，面部表情、神态十分传神。而背景部分则采用了归纳和装饰的手法，与人物形成对比，更加鲜明地突出了主体人物形象。在古代和现代部分的处理手法上也有不同，古代部分民族特色较浓，装饰性很强。而现代部分则更富情节化，传递了时代的信息。

由于壁画使用了15种石料，所以色彩非常丰富，有乳白色、深灰色、浅灰色、粉色、淡绿色、黄色等不同颜色。壁画的主体人物是用采自贵州的象牙黄石料雕刻而成，其色彩温暖、细腻。背景则用不同色彩的石料雕刻。用不同色彩和材质来区分不同的时代，是这幅壁画的一大设计特色。虽然整幅壁画由多种色彩组成，但石料的色彩具有天然、古朴、沉着的特性。中国美术馆馆长杨力舟先生说："整幅壁画构图饱满、用线讲究、色彩和谐，既有民族特色又有时代感。"

2.2.2.4 陶瓷室内壁画

百花齐放　陶瓷壁画　设计：侯一民、邓澍

侯一民先生在文化部黄镇部长和中央美术学院江丰

院长的支持下，在中央美术学院油画系成立了由七个人开局的壁画小组。1979年，该小组受人民日报社的委托，完成了《百花齐放》这一陶瓷壁画。这件作品装置于北京人民日报社。整幅壁画设计为深色背景，以暖色为主色，淡雅、和谐、明快，又富丽堂皇。严谨细致的线描勾勒出每一个造型，边线被烧制成隆起的，如同沥粉景泰蓝的用线，使形象结实、突出（图2-75）。

图2-75 百花齐放（局部）

森林之歌 瓷版拼镶壁画 340cm×2000cm 设计：祝大年

《森林之歌》（图2-76）设置于首都机场内，由祝大年和景德镇24位艺人费时三个月，在3000片瓷版上用粉彩精致地描绘、烧制而成。在壁画设计过程中，祝大年将著名的风景"小鸟天堂"与漓江、澜沧江等风景名胜融合在一起，淋漓尽致地表现了云南亚热带雨林百花争荣、百鸟喧哗、人民幸福生活的美好景象。

图2-76 森林之歌（局部）

壁画以密集的榕树树干组成画面，加上装饰的手法，渲染着色、点染、喷涂罩釉，经多遍烧制而成，达到了色彩饱和、层次丰富的效果。这件釉绘壁画不仅在壁画史上，在陶瓷史上也是一个创举。

科学的春天 陶版刻绘拼镶壁画 340cm×20000cm 设计：肖惠祥

1979年9月26日，以原中央工艺美院为首的创作团队创作的北京首都机场候机厅壁画落成。张仃、袁运甫、肖惠祥等壁画家分别创作了风格多样、气势恢宏、具有民族特色的大型壁画群，开启了我国新兴壁画运动的第一个里程碑。《科学的春天》设置在首都机场二楼西北的餐厅内。这幅壁画运用象征手法，结合浓厚的装饰技法，用若干组人物代表科学、艺术、理想、幸福、爱情等内容，象征四个现代化为人民造福，也带来文艺和科学的春天，是一幅浪漫主义和抽象思维的代表作品（图2-77）。

图2-77 科学的春天（局部）

壁画的构图简洁、节奏明快，人物形象夸张、富于装饰性，人物动作优雅。用年轻人的形象表达主题恰到好处，也较自然地解决了壁画与建筑空间的协调关系。无论是主题的设计，还是人物的造型与色彩，均考虑了候机厅宽阔的墙面和空间的使用功能，舒缓的造型、优雅的旋律能让旅客在登机之前心情放松与愉悦。

壁画以暖色为主，采用陶版烧制而成，菱形镶嵌的拼贴方法非常独特，既防止了垂直拼贴接缝不直的缺点，又使形象与背景显得更加丰富。在陶瓷美术家及磁州窑师傅们的协助下创作的这幅壁画，首开国内陶瓷刻绘喷釉壁画的先河。

2.2.2.5 木雕室内壁画

浮雕是介于绘画与圆雕之间的光影艺术。木浮雕在壁画设计中经常被采用。木浮雕所用木材分硬木与软木两种。硬木一般应用红木、花梨、黄杨、水曲柳，软木一般应用银杏、樟木、山白杨、椴木、杉木等，这使得雕刻家有较大的选择空间。同时，木浮雕壁画一般选择在室内环境，以免风吹雨淋使其霉烂、变形。现代木浮雕不完全用"减法"制作，"加法"和"减法"工艺的综合运用，使其具备了现代感。由于木材受干湿变化影响大，不宜大面积采用，适合于局部点缀。另外，要注意木质的选择，质地要细密坚实，有硬度，木料要干透，以便雕刻。油性太重的木质不宜作为浮雕壁画的选材。

山　木浮雕　作者：李林琢

中国汉字被巧妙地组合在一起，同一个"山"字在木浮雕中被多种写法所表达，有大有小，有硬有软，有疏有密，完美地结合并形成方形的木雕壁画（图2-78）。作品巧妙地运用了装饰的手法，从整体来看，《山》显得雄伟、壮丽，中国汉字的象形与自然物象的抽象形态被成功地雕刻在一起。

陆海丝路　木雕壁画　设计：李林琢

图2-78　山

图2-79　陆海丝路（局部）

木雕工艺比其他工艺难，而在雕刻过程中，最难雕刻的属人物，人物最难雕刻的部位首推手。木雕行有句行话叫做"打头不打手，一打手就出丑"，可见手在木雕作品中的工艺难度。另外，木雕前对木材的选择也很重要，尤其要避免木头的疤节或杂色木纹出现在人物的面部。《陆海丝路》设置在广州珠海国际贸易大厦内，这件作品雕工精细且技法较高，人物造型写实，整体布局疏密得当。墙面背景使用深色的大理石，浅黄的木雕在其衬托下格外醒目。为避免背景单一和过于简单，作者还在大理石上雕刻了许多纹样，增加了画面的层次，使作品富于变化（图2-79）。

2.2.2.6 纤维室内壁画

纤维壁画从壁画的材质来讲应划归为软质类壁画。软质的纤维壁画作为装饰或壁画的形式在空间环境中屡见不鲜。纤维壁画一般悬挂或固定于墙面上，在传统的手工编制中，多以毛质为原料，具有悠久的历史及传统。在现代建筑空间中，纤维壁画凭借其材质的美感、柔和、自然和亲切，结合多种手工或工具的机织工艺，产生较丰富的艺术效果。纤维壁画在进入建筑空间后与现代建筑材质产生对比，形成温馨的美感。

纤维壁画主要有以下几种：羊毛编制、丝毯、钩绣、麻质纤维壁画、化工纤维壁画等。

丝绸之路　毛织壁画　设计：侯一民、邓澍

《丝绸之路》（图2-80）是一幅充满异域情调的壁画作品，设置在香港京华国际大酒店内。作者侯一民、邓澍是一对夫妻画家，至今两位艺术家仍不辍画笔，致力于对美的探索与表现。这件壁画是20世纪80年代继机场壁画、人民大会堂壁画之后的又一件壁画力作。如此众多的人物造型采用毛织工艺制作难度极大，但特殊的材料质感更增添了画面的魅力。写实且略带装饰的手法显示出画家深厚的造型功力,特殊的色彩处理紧扣画面主题,显示出艺术家驾驭色彩的能力。

图2-80　丝绸之路(局部)

高山流水　羊毛织毯　300cm×200cm　设计:林乐成

《高山流水》设置在北京市政府会议中心内。这是一幅典型的装饰性壁画,三幅相似的构图、抽象的画面形式以及富有特色的装裱方法形成强烈的视觉冲击力,而羊毛的柔软质地使画面中坚硬的直线造型产生心理上的对比。作品色彩单纯但对比强烈,自上而下的构成方式极具现代感(图2-81)。

图2-81　高山流水

姥姥家唱大戏　亚麻布冰丝刺绣　260cm×800cm　设计:王秦

《姥姥家唱大戏》这幅作品使壁画的表现形式语言又有所创新,壁画材料和工艺制作在继承传统工艺和融

图2-82　姥姥家唱大戏(局部)

合外来营养方面又有新的拓展。壁画向来就是包容各种出新求变的探索性创作的领域,是试验各种新材料、新工艺的良田沃土。这件作品实际上在进行着材料上的转换,民间的皮影工艺被转换成布面刺绣,极具特色。画面的独特之处还在于它的色彩,尽管来自民间,但每幅独立的画面色调把握到位,加上特殊的画面构成,整幅壁画既传统又现代(图2-82)。

2.2.2.7 综合材料室内壁画

当代壁画艺术及公共艺术正向综合性方向发展。这种趋势显然是受到当代建筑的影响。当代建筑在较多地关注使用功能的合理性、科学性的前提下,同时也注重科技含量以及由此产生的环保、节能等新理念,形成综合性的建筑新理念。由于建筑设计在不断地发生变化,壁画自然要适应变化了的建筑空间。壁画的使用材料变得更丰富、更现代,壁画的语言也变得更隐喻、更单纯,壁画与建筑之间产生了前所未有的新的相互关系。小型的室内装饰壁画和壁饰也得到发展,我国壁画进入空间多元化的时代。随着文化多元化发展，特别是在环境观念的强化与多样交流中，壁画作品的形式更加多样。壁画的发展同时得到现代工业文明和现代科技发展的支持。工业与技术为现代壁画的创造提供了层出不穷的新材料，使壁画出现诸多艺术形式，如绘画、镶嵌、陶瓷、漆艺、浮雕、编结、装置、光电、多媒体等，从本质上成为"各类壁面装饰艺术的泛称"。壁画艺术正摆脱主流思想的禁锢，与各种边缘思想冲撞、融合，带着强烈的独立思想和个性化特色进入民间领域，吸引了普通大众自发地加入了壁画艺术工作者的创作过程中。

山河颂　沥粉贴金、浮雕、重彩及镶嵌　2400cm×560cm　设计：王文彬

20世纪80年代初，王文彬先生设计制作的综合材料壁画《山河颂》（图2-83）与秦岭、高宗英设计制作的瓷嵌壁画《花果山》，一起装置在北京华都饭店。华都饭店后来被李嘉诚先生收购，这件作品被誉为"可抵整个华都饭店"，可见此画的艺术价值之高。据王文彬先生当年的助手——现今中央美院的杜飞教授介绍，当初制作这幅作品花费了大量的时间和金钱，仅金箔就用了好几斤，前后制作了三年。作者在画中运用了多种壁画制作工艺，运用了多种材料，在精益求精中寻找画面的完美。

收了其他人文科学的学术成果，兼容并蓄，融会贯通，创造出形式语言更加丰富多彩的壁画作品（图2-84）。

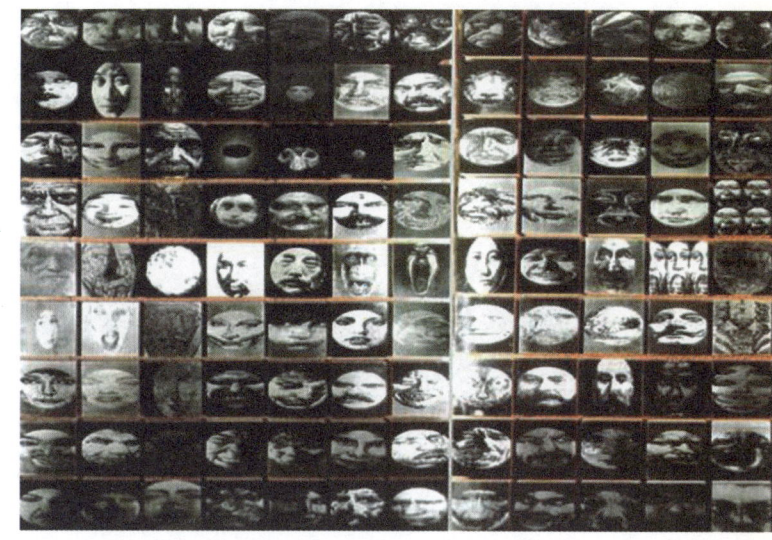

图2-84　静观天宇（局部）

沧海颂　黄铜锻制、金箔　200cm×1000cm　设计：唐鸣岳

用黄铜材料来表现大海有难度但很新颖。《沧海颂》装置在威海海都大酒店内，壁画采用装饰性的表现手法，构成上充分运用点、线、面的独特造型，使海浪、云形成连绵不断的气势与舒缓的节奏，坚硬的海岛直线增加了画面的力度感，细密的点造型增加了画面的质感，在空间上有了新的层次。金色的画面制造出富丽堂皇的气氛，与酒店空间的色调非常协调（图2-85）。

图2-83　山河颂（局部）

静观天宇　钢板腐蚀、凸凹镜　320cm×320cm×3cm　设计：刘斌、王莉

这件极有新意的作品在壁画的形式语言方面作出了新的努力和探求。作者冲破了观念壁垒和理论制约，吸

图2-85　沧海颂（局部）

爬山虎　木雕、油画、漆　480cm×290cm×55cm　设计：王长兴

多种材料、多种手法的运用意味着壁画家必须在壁画的设计和制作过程中打破单一的思维模式，通过不同的表现手法寻求理想的画面效果。这就要求壁画家必须了解和掌握多种壁画制作方法。《爬山虎》（图2-86）

设置于北京市某私人宅邸会客厅，作品显现出作者熟练驾驭浮雕和绘画的能力，这也是一个壁画设计师必需具备的素质。

图2-86 爬山虎（局部）

2.3 提出问题，分析壁画设计方法及材料的应用

问题1：壁画设计中经常采用哪些表现方法？

在壁画设计中可以把表现方法归纳为：

（1）叙事与纪念性壁画。这类壁画设计带有纪念性与引导意义，重视叙事性与情节性，对建筑的主题性直接阐述与强调。

（2）抒情与装饰性壁画。这类壁画在设计中要带有唯美色彩与抒情性，注重视觉效果，对建筑物内外环境的形、质、色等视觉因素加以补充和调整。

问题2：壁画都有哪些风格？

壁画从风格上区分一般有标志性壁画、地理特征壁画、臆想与幻觉壁画、材料品质与肌理性壁画等。

（1）标志性壁画

这类壁画的显著特点是注重反映壁画所在地域或所属建筑的文化历史特征及使用功能，往往成为城市或建筑的标志。标志性壁画有时还和其他公共艺术形式共同构成某一标志。如人民英雄纪念碑碑座浮雕壁画、深圳世界之窗壁画、北海九龙壁等。如今，这类壁画在世界各地被广泛应用，其艺术性与公共性与广告、招贴有明显区别。

（2）地理特征壁画

反映当地复杂的风土人情、人文景观、自然面貌，这是壁画所具有的特殊功能。人们喜欢通过阅读壁画去进一步发现当地的历史文化及地理特征。地理壁画通过自身大量的具象或抽象的信息，向人们展示、标识所在地的地域特色与位置，有着明显的实用价值。

（3）臆想与幻觉壁画

这类壁画颇具幽默感，它的目的是在平面上制造假空间、假形象，以假乱真，使观者产生错觉。国外的城市街区有大量的这类壁画，它像放大了的架上绘画，它能够调节街区的空间，激起观众的想象力，但对绘画技术的要求较高（图2-87）。

图2-87 臆想与幻觉壁画

（4）材料品质与肌理性壁画

这类壁画的创作源起抽象的架上绘画。随着现代科技的发展，有着特殊表面质感和肌理的新型工业产品层出不穷，许多壁画家通过拼贴、重构这些新材料，使其在某一空间环境中达到理想的视觉效果，让观者对其产

生联想与美的心理感受（图2-88）。

图2-88　材料品质与肌理性壁画

问题3：壁画设计需哪几个步骤？

壁画设计一般分以下步骤：

（1）构思。壁画设计首先要考虑的是内容。有的壁画需要强调建筑物的名称与特点。有的壁画内容上要体现建筑物的使用功能。结合建筑空间的整体风格，确定壁画的内容与形式。根据壁画所处的空间环境来确立构图上的整体趋势。根据建筑空间的整体色调确定壁画的色调。

（2）形式选择。从建筑空间的特点与功能出发，是具象的还是抽象的，是象征性的还是浪漫的；区分室内、室外的自然条件，对工艺材料加以选择；根据内容需要选择。

（3）壁画稿子的绘制。在绘制前先将纸裱到画板上，这样比较平整，便于反复修改。一般先刷一个中性的底色，有利于整体色调的控制，绘制起来简洁、方便。画稿绘制完要认真装裱，并以正楷标注设计说明。还要有壁画与整体空间环境的效果图，这样整体设计方案就比较完整规范了。

问题4：怎样画壁画设计稿？

壁画设计稿通常有五种设计方法：

（1）体块画法

①提前对壁画的构图、造型、最终效果做到心中有数。准备好相关资料、工具。

②对画面进行抽象的分割，安排出大的构图与布局，考虑好画面的中心部位，对画面与建筑的空间关系深思熟虑，画面形式与构图上要明快且有张力。

③勾线。主要形象和背景形象要勾勒出来。

④用炭笔从局部描画勾勒出形象的外形，减少色调层次和空间层次，把形象的位置要交代清楚。最后，作整体关系调整。

（2）线画法

①线画法与体块画法在准备工作上是相同的，不同的是线画法还需要钢笔、圆珠笔、毛笔和墨。

②对画面进行分割布局，用线造型。注意线的疏密、组合、聚散，应考虑线与建筑空间的关系。

③将形明确定位，充分考虑主体形与其他形的关系。

④用钢笔线和毛笔线定稿。

（3）几何形画法

将几何形作为构成画面的基本要素，与建筑本身的造型元素相吻合。充分利用平面构成的原理进行构图分割，达到一种装饰审美的意义。

（4）抽象画法

利用点、线、面的图形要求和行为过程来提炼和表达情感。要设法找出与建筑环境特征一致或互补之处，同时考虑建筑与环境的关系，加强构成的力度，最后完善、完成抽象的壁画稿子。

（5）综合画法

综合画法就是综合前四种画法，使设计意图与方法丰富起来，其目的是追求画面的最终效果。用这种方法表现的作品会更自由、更生动，达到出其不意的效果。

问题5：壁画设计中常用哪些材料？

（1）丙烯。常用于室内壁画。

（2）陶瓷。常用于室外壁画，室内壁画也常使用。

（3）铜。室内外皆可使用。

（4）不锈钢。常用于室外壁画。

（5）石材。室内外皆可使用。

(6) 毛线、丝线、麻线。用于室内壁画。

(7) 木质。多用于室内壁画。

(8) 漆画。多用于室内壁画。

(9) 玻。多用于室内壁画或窗户、门的装饰。

(10) 马赛克镶嵌。多用于室外壁画。

问题6：现代壁画设计中，壁画与建筑的关系有何特点？

现代壁画除了要达到装饰建筑的目的之外，更重要的是以艺术形象语言给人视觉美的享受，唤起人心灵上的共鸣，这也是壁画价值的所在。建筑与壁画的关系是辩证的，壁画既是建筑的外衣，又是画作。壁画价值的体现统一于建筑整体构成因素之中，壁画通过建筑的需求实现自我价值。当然，建筑亦通过壁画的使用而使建筑得以升华。正是由于壁画与建筑有着这种互补的关系，使得壁画有着区分于其他画种的特殊性。壁画与建筑的辩证关系也是现代壁画的特征之一。壁画的多样性是在建筑的制约下形成的，因此，建筑构成的诸多因素是前提，具体可以从建筑的三个方面去判断，即建筑的功能、建筑的空间、建筑的使用材料，这是认识和理解壁画与建筑关系的三要素。认知这三种要素的前提是充分理解建筑师的设计理念，只有深入了解其追求，才能充分理解壁画与建筑的关系，使壁画与建筑自然、科学、合理地形成和谐的关系。

问题7：壁画设计需要注意哪些问题？

壁画设计过程中应注意以下三个问题：

(1) 尊重委托人意见的同时，应尽可能地发挥自己艺术上的长处。

(2) 充分发挥材质美感的同时，尽量避开材料的不足之处，灵活应用。

(3) 提前考虑工艺制作过程中的变化因素。

问题8：壁画与其他绘画有什么本质的区别？

壁画有别于架上绘画、卷轴画，其特点是被限定在特定的空间形态中。架上绘画没有专一的从属性，自由性比壁画宽泛得多；而壁画要考虑不同场合的具体情况，必须服从整体环境的要求，有一定的整体从属性。壁画创作一开始就受到来自各方面的限制，不能"任所欲为"。如若为建筑的某墙面设计壁画，作者在动笔之前应对其特定的建筑结构，空间尺度，观赏距离、角度，采光照明，内界面（地面、墙壁、天花板）的肌理、色泽、建筑材料、建筑风格以及特定环境中人的心理状态等诸多方面进行研究和充分理解，然后才着手进入设计。壁画设计的优劣不仅在于画面本身的艺术效果，更取决于它在建筑环境中所起的作用如何。建筑师在进行建筑设计时应事先考虑到壁画在建筑构图中的作用，建筑环境及建筑结构对壁画的影响等。壁画的艺术价值应位于壁画在整个建筑、环境中所具有的创造环境艺术的价值之后。例如，壁画《张裕传奇之酿造》所设置的环境是酒博物馆的大堂，设计壁画前首先考虑到了壁画的色彩一定要有历史感，与酒博物馆的整体色调与氛围相协调；其次，采用多时空的构图丰富了表现内容，加上清末的工人与古老的酿造器具戏剧般的结合，使壁画成为整个博物馆的序幕（图2-89）。

问题9：丙烯壁画是怎样绘制出来的？

绘制丙烯壁画常用的方法有两种：一是先做好画板，绘制完成后分块安装上墙。二是在墙上预先制作好画板，直接上墙绘制。还有一种不常用的方法，就是直接在水泥墙或特制的墙面上绘制，由于底子干燥的时间较长，加上墙面水分含量较高，绘制完成后颜色会起片或剥落，因此这种方法需慎用。建议多选择在木板或亚麻布上作画。

画板的制作要先按墙面的尺寸做好木板，如需分块，则必须注意尺寸的选择，否则无法将画搬出画室或搬进安装现场。另外，画板的尺寸要缩小2～3mm，为画布的厚度留下空间，也为防止木板的变形留下微调的空隙。木板的龙骨应控制在60～70cm见方，不能再大，否则画板会变形。龙骨做好后要用高质量的多层胶合板封贴。以保证画面最后的平整。

画板做好后，将画布干裱或湿裱于画板上，干燥后

图2-89 张裕传奇之酿造 丙烯手绘壁画 400cm×200cm 设计主笔：王岩松

便可刷底子。直接做到墙上的画板，则需先将龙骨固定在墙上，然后用胶合板封贴即可。

底子的做法有许多种，常用的是乳胶加立德粉或钛白粉，用水调和后涂刷，2~3遍即可。底子也可调入丙烯色做成彩色底子，以便画面有统一的色调，并减少绘制中颜料的浪费。做好底子把稿放大到画板上，放稿的方法有多种，目前用投影仪简便、准确。之后就可勾线或着色了。

丙烯的绘制可采用多层画法，每块颜色至少要画4~5遍才能达到色彩的饱和度。绘制完成的丙烯壁画可在表面涂一层丙烯专用上光剂，有亮光和亚光两种，作者可根据画面需要而定。其目的是防止画面被污染和褪色，也为画面清洗提供了方便。丙烯的优点是防水、易干、不反光、易调和、可多层覆盖等。因此，手绘壁画

图2-90 张裕传奇之创业史 丙烯手绘壁画 400cm×200cm 设计主笔：王岩松

多采用丙烯这种材料（图2-90）。

问题10：重彩壁画的绘制步骤有哪些？

重彩壁画在我国有悠久的历史，留下了许多传世名作。由于重彩画的绘制技法独特，在造型、设色上独具魅力，因此现代壁画仍然把它作为常用的壁画表现形式，并进一步继承和发扬（图2-91）。

图2-91　醉苗乡（局部）　工笔重彩壁画
200cm×800cm　　设计主笔：吴江勇

首先，绘制重彩壁画要事先准备好以下工具：升降台或升降机、脚手架、挂灰板、拉麻木梳、长尺、电炉、加热器、木炭条、铅笔、排笔、扇形笔、大中小白云笔、衣纹笔、羊毫笔、水彩笔、水粉笔、板刷、喷枪、沥粉腻子、国画颜料、墨汁、岩彩画颜料等。

第二步，做墙。先在水泥墙上直接刷几层胶肌水，然后在沙泥中掺入一定的麻筋、麦秸、羊毛、丝棉、牛毛等。将裱好后的亚麻布画好后上在墙面龙骨上，在泥底中加大粒沙、麦秸，在白土中加生豆腐薄刷数遍。

第三步，起稿。幻灯起稿、漏稿。

第四步，重彩赋色，先用透明的植物色渲染打底色，然后再用矿物质颜色来填。

问题11：镶嵌壁画分哪几种？

建筑空间中运用镶嵌壁画由来已久，一般分布在墙面、天顶和地面。由于镶嵌壁画耐久且装饰性强，加上彩石、陶瓷、玻璃、金属、木质等皆可镶嵌入画，因此深受壁画家的青睐。

从中外历史来看，西方以镶嵌画工艺见长，我国自古有"嵌玉"、"镶金"的绝技。长见的镶嵌壁画有彩色玻璃镶嵌、陶瓷马赛克镶嵌壁画、天然石镶嵌壁画等。

问题12：磨漆壁画是怎样做出来的？

漆画最早出现于我国的汉代，当时称之为"油画"。磨漆壁画是漆画工艺在公共空间中的运用。在设计漆壁画稿时，首先要把漆画放在空间中去考虑，一般设计在室内空间，如：大厅、会议室等。

磨漆壁画的制作工艺一般有以下几种：

（1）研磨彩绘法

先在漆板上彩绘画面后，用漆通罩一遍，待完全干透后研磨出画面图形，彩绘部分要厚一些，再罩一层底色彩漆，全画就完成了。另外，漆板上还可以用一些特殊的材料，如金粉、银粉，完成后打磨抛光，效果很美（图2-92）。

图2-92　夏夜　磨漆壁画　设计：王岩松

（2）平绘装饰法

在彩绘之前，对漆板涂一层与漆板一样的漆，干透后打磨抛光，底漆就不能露出来了。然后在上面描绘，再打磨抛光，绘制方法可以是线描、平涂、彩绘，不宜太厚，要流畅，不能有粗糙之感。

（3）堆漆法

这种方法类似浅浮雕的技法，图形高出漆面，分为平堆、薄堆、高堆以及与研磨彩绘综合的画法。平堆是在完成了涂漆和抛光的漆板上，在相应的图形中涂上黑漆，撒上细炭粉或用其他材料堆出图形，干透凝固后，用磨石粗磨，若需要加厚，以此类推，干燥后用砂纸打磨平整再上漆打磨，然后将图形内的线条复制上去，用漆描绘成阴线，再打磨，最后全面罩漆，平堆法以单色为佳。薄堆、高堆、研磨彩绘综合法是根据浮雕的原理，在漆板上将图形由高到低用漆堆成、涂漆，高处厚，低处薄，然后打磨，反复多次，每次上漆的部位是根据情况加强浮雕的层次感，然后根据图形的高低以及造型的需要撒上色漆粉，干透后打磨抛光，便显示出绚丽的色彩。

（4）镶嵌法

镶嵌的材料包括金、银、锡、蛋壳、玉石等。制作前，先将图形复制到漆板上，根据图形需要将镶嵌材料进行剪裁，然后镶嵌，再根据需要撒上漆粉，全面罩漆，然后打磨，露出材料纹理。也可进行彩绘，但要注意与材料平顺协调，抛光后画面就完成了。

（5）变涂法

应用一些起花工具和材料，利用起物斑的形态变化造成如自然界般的丰富形态。

问题13：浮雕壁画对空间环境所起的作用是什么？设计浮雕应注意些什么？

浮雕这一综合或遗传了雕塑与绘画不同艺术形态个性特征的艺术形式，长久以来被划归到壁画这一家族当中；又因为依附于建筑，具备公共性，还被归类到公共艺术之列。浮雕在作为公共艺术表现形式的时候常常是因为它的叙述性功能，而此种特征时下还影响着建筑的设计，许多现代建筑也开始游离以往的设计模式，借助于浮雕来加强建筑的美感。纵观近代繁多的浮雕作

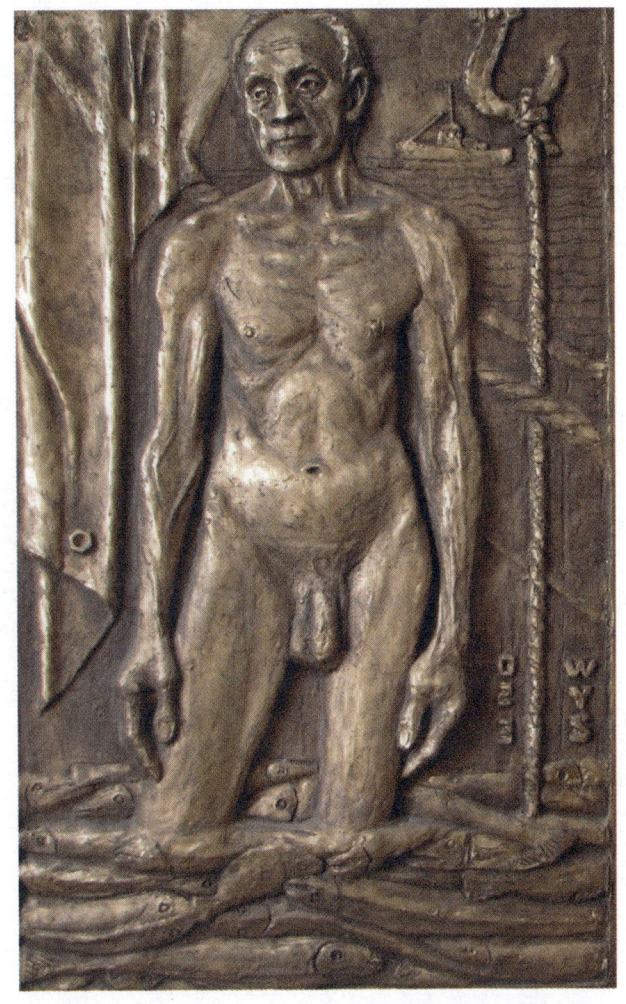

图2-93 老人与海（局部） 浮雕壁画作者：王岩松

品，我们会发现浮雕的审美性、概念性、原则性已发生了潜在的变化，浮雕在现今社会更充分地表达了它的特点——设计性。浮雕依附于建筑，装扮着世界，而且其使用范围、表现手法、应用材料越来越多样化、越来越广泛。好的浮雕作品能与建筑珠联璧合、相得益彰。正如黑格尔所言：浮雕比圆雕更能打动人，因为它让人去想象，给人一种神秘感（图2-93）。

浮雕壁画对空间环境所产生的作用主要表现在以下四个方面：一是它的叙述性功能。这种壁画的使用空间一般功能性明确。浮雕壁画使建筑空间的精神得以升华，从而使空间的功能特征更鲜明，并且极易使观众与建筑空间之间产生亲和力和共鸣，使环境更符合建筑的功能。二是它的装饰性功能。这类浮雕壁画一般起到活跃气氛、美化环境、弥补空间、避免重复过多的视觉元

图2-94 中华魂 山海经壁画(局部) 锻铜浮雕
228cm×2280cm 设计:李精圆、刘秋林

素造成的视觉疲劳的作用。这类浮雕壁画一般设计在综合性的建筑空间，娱乐性较强。三是浮雕壁画促成了建筑空间功能的改变，这种改变是因为浮雕在人们的心理上产生了另外的功能。例如外交部大堂的浮雕壁画，原设计意图旨在用叙事性手法和符号化的形象，依托汉白玉这种材质来装饰墙面，而每每外交谈判不顺或咖啡时间，主人就会请客人到大厅参观壁画，久之便有专门的讲解员在这一时刻绘声绘色地讲述壁画所描述的上下五千年中华文化的精华。浮雕壁画参与了空间环境的功能改变，从而使大厅的使用功能发生了变化。四是浮雕壁画的时代感。浮雕壁画存在于公共环境空间之中，建筑的时代性必然要求浮雕壁画同时也具备这一特性。所以建筑的发展、社会的进步、科技的创新都会体现在浮雕壁画上。

设计浮雕壁画首先考虑的往往是浮雕与背景墙面的图底关系。设计者应明确浮雕的大剪影效果在很大程度上不是依靠细节的精致或线形变化的微妙，而往往在于浮雕的色彩与剪影跟墙面的对比关系。

另外，适当地做一些镂空的处理，可以减轻大面积的浮雕给人造成的视觉上的沉重感。因此在设计的过程中应尽量避免形象过密，否则会在安装之后形成大面积的灰色。浮雕形体的主客体分明，加以镂空处理，浮雕才会起伏明确、图底清晰。在具体形象的设计过程中，应注意线的疏密与虚实。疏密关系处理得当，能最大限度地增加浮雕的节奏感与韵律感，使远看关系明确，减少过多细节混淆在一起形成的"灰色域"的弊端。再者，虚实关系处理得好，主体突出，壁画的节奏感强，视觉效果非常好（图2-94）。

由于浮雕的重点在凹凸，因此凹多少、凸多少成为制作的关键所在。一般来说，高点不宜太高，凹点又不能透过底板，如能通过视觉错觉适当地完成凹凸的目的，要下很大的工夫，且效果不错。值得注意的是，适时地运用单色浮雕壁画，使画面单纯、明确，是达到理想效果的决定性因素。在最后的安装、上色的过程中，浮雕与壁画的关系应事先考虑，首先颜色不宜太重，否则远看看不出具体的形象，浮雕本身的光影起伏变化会被固有的重色吞掉，模糊一片，实为可惜。另外，充分利用好光源，对浮雕壁画尤为重要。顶光和侧光无疑是最理想的了。如室内光线太弱，适当地借助灯光，会达到理想的效果。室外的浮雕可考虑夜间的灯光效果。逆光与顺光是浮雕安置的大忌。

问题14：学习浮雕制作对环艺专业的学习有帮助吗？

时下，许多综合性的美术院校把浮雕制作作为非壁画、雕塑专业学生的选修课，学生对此兴趣甚浓，正是由于浮雕是介于绘画与雕塑之间的艺术，其不但同时需要较好的绘画、雕塑基本功，而且浮雕的特殊性还决定了它有着不同于绘画、雕塑的技法与神秘。

习惯了全因素素描训练方式的学生对厚度与体积的理解符合圆雕的思维模式，但浮雕的特殊性则决定了凸起的形体在浮雕表现过程中不一定要采用完全堆砌的手法，而可能要凹进去表现。如果用理解圆雕的思维方式去思考，会一片茫然。并且浮雕的"浮"到底要高到什么程度，是用"加法"直接加上去，还是用"减法"？对学习者来说，这是神秘的。由于浮雕最终是靠"光"、"影"来说话的，亮的地方"凸"出来，暗的地方"凹"进去，与实际客观对象不一致，这使得浮雕的神秘感始终存在。习惯了在二维空间塑造立体的素描造型与色彩造型，往往讲究虚实处理，画面主次分明，省劲又耐看，而浮雕制作过程中却要"面面俱到"，来不得半点"虚"，所以这非常有利于改正学生对形体理解的错误认识以及用固有色代替对结构理解与表现的弊端。

再者，浮雕的设计性、材料的多样性、表现手法的灵活性，非常适合学生们来探索。

问题15：浮雕壁画在环境艺术设计中有哪些作用？

在环境艺术设计中，浮雕壁画与公共环境的关系不能简单地理解为一方去适应另一方，而需要两者融合为一个整体。这种融合的方式有两种：一是以对比的方式去相互融合。即浮雕壁画对空间环境产生强烈的对比效果。这首先要对空间环境的特殊功能与壁画的作用做好充分的理解与认识。这类浮雕壁画的作用及目的是去吸引观众，壁画与空间环境的前后位置调整，显得尤为重要；二是隐退。浮雕壁画使环境产生节奏与韵律感，减弱或消失掉观赏过程中的视觉疲劳感，从而弥补空间的单调与空白，使浮雕壁画与环境融为一个整体。尤其是在色彩上，更要达到这种效果。这种依靠浮雕壁画达到的空间设计效果较之一般的装修要更和谐、生动，富有变化。同时，浮雕壁画的作用还不能简单地划归到为建筑环境进行装饰这一简单的功能概念中去。其功能在环境中还包括叙事性、标志性、隐喻性、象征性等。

问题16：传统壁画能用在具有现代风格的建筑空间吗？

在现代建筑空间中，设计具有传统样式与风格的壁画仍然是一个较为稳妥的思路。传统壁画的含义包括：题材、风格、绘制方法、使用的材料等。如平面展开式的构图、对三度空间的舍弃、色彩分布的平面性与单独性、大信息量的叙事性、超越时空界限的综合性等。这

图2-95　锻铜浮雕壁画墙以其叙事性和历史沧桑感仍旧成为最具魅力的城市公共艺术形式之一

种风格的壁画几乎成为当代许多现代建筑空间在环境装饰中不可分割的一部分。由于传统壁画在设计与制作中既能展示画家本人的艺术风格，又能展现中国传统艺术的魅力，容易被业主与公众接受（图2-95）。

问题17：为什么说壁画委托人的艺术修养及对设计师的信赖决定壁画的最终成败？

委托人具备一定的艺术修养非常重要，这样设计师会很容易与其在艺术上达成共识，并取得支持与信赖。如果不是负责央视旧电视转播塔内部装修的经理毕业于广州美院，塔内大厅主墙由袁运甫先生设计的巨幅石雕壁画将会被一个大型电子广告牌代替。当然，有的委托人会很谦虚地称自己非业内人士，只是仰慕艺术家大名而把设计权力完全交给艺术家，遇到这样的委托人是幸运的。也就是说艺术家得到委托人的信赖非常重要，如果米开朗基罗得不到教皇的庇护和推荐，西斯廷教堂的壁画将不会成为今天让世人惊叹的杰作。国内著名壁画家李林琢先生曾对此感慨到：壁画完成后，壁画上应有设计者与委托人共同的签名。

延伸阅读：

1. 吴松，《壁画设计与制作》，重庆大学出版社，2002年9月。
2. 郗海飞，《壁画艺术》，吉林美术出版社，1996年7月。
3. 张延刚，《壁画艺术与环境》，安徽美术出版社，2003年1月。

思考与练习题：

1. 当代壁画的表现形式有哪些？
2. 壁画的语言形式、材料技法对公共艺术设计有哪些作用？
3. 参观当地公共空间中的壁画实例，完成一份调查报告，要求图文并茂，以Power Point的形式表达出来，在课堂上与大家一起讨论。

第3章 公共空间中的雕塑设计

3.1 公共空间中的雕塑

现代公共艺术作为环境空间、建筑空间中独特的艺术表现形式，因其特有的不可替代性及旺盛的生命创造力，正愈来愈在人们的生活空间中不断地迸发出迷人的魅力。雕塑、建筑、绘画相互共存，构筑了中国当代公共艺术的框架。公共雕塑作为构成环境的要素之一，有效地参与了城市建设和景观改造，这无疑使其自身的价值和作用得到新的拓展和扩充，环境参与的意义与雕塑空间本体互为兼容，成为依存共生的环境整体，开放性的空间环境，为公众参与和共享平等权力营造着一个和谐的氛围。

3.1.1 我国公共雕塑的历史回顾

公共艺术的提法是当代才出现的，然而它的成果却可追溯到古代。著名建筑大师梁思成先生1930年在东北大学讲课时提到"艺术之始，雕塑为先。盖在先民穴居野处之时，必先凿石为器，以谋生存；其后既有居室。乃作绘事，故雕塑之术，实始于石器时代，艺术之最古者也。"

中国古代较少纯粹的雕塑艺术品，中国远古时期重礼教，尊鬼神，艺术重心倾向于工艺美术，在礼器、祭器上发挥艺术天才，并且同样也形成传统，影响深远。从陶器、青铜器、玉器及漆器等工艺品发展出以装饰功能为主的实用性雕塑，在历代都占有主流地位。特定的历史原因使雕塑这一艺术形式一直在为帝王服务、为宗教服务。大部分雕塑是建立在宫苑、寺庙、陵墓等处，雕刻走近百姓也仅体现于居室装饰，以表达人们对幸福的向往和对生活的祝福。尽管如此，中国古代的雕塑艺术仍是极为辉煌的。它在祭祀、陵墓建筑、寺庙石窟以及民居建筑中所发挥的巨大功用，仍是世界雕塑艺术史中特立独行的奇葩。了解这些不朽作品的方方面面，为我们在创造当代文明的过程中起着很好的参照和借鉴作用。

雕塑真正意义上成为公共艺术是在中华人民共和国成立之时。以北京的公共艺术雕塑为代表，1949年9月30日下午5时，即新中国成立的前一天，人民英雄纪念碑奠基仪式在天安门广场隆重举行，毛泽东等老一辈无产阶级革命家，为纪念碑盖上了第一锨土。这意味着新中国公共艺术雕塑的诞生。人民英雄纪念碑最终于1958年完成。雕塑艺术真正成为人民的艺术，成为公共艺术。新中国成立后，我国的公共雕塑事业获得了前所未有的发展，以北京长安街为起点，两侧的十大建筑都有雕塑或浮雕。到"大跃进"时期，劳动人民文化宫、北京站都设立了大批的塑雕。"文革"开始后，主要的城市雕塑作品是毛主席像，几乎各大军政机构及大专院校院内都有毛主席像。到了1979年，以政治治国为中心转变为以经济建设为中心，雕塑所反映的主题也变化为轻松的、以发展经济为主的题材。

20世纪80年代，随着改革开放的深入，中国加速了城市化进程，各地展开大规模的城市改造和建设活动，建筑空间的拓展为城市公共雕塑创造了成长的有益空间。以北京为起点，全国各地纷纷创作出独具地方特色的公共雕塑。1982年，成立了以刘开渠等四位雕塑家为首的城市雕塑建设领导小组（后改名为全国城市雕塑指导委员会）。全国各个城市也纷纷在1982年成立了城市雕塑办公室。当时提出了一个口号叫"边边角角练兵。"1984年，北京市在全国率先成立城市雕塑艺术委员会，提出一个口号叫"占领要冲，当仁不让"。这一时期的代表作有北京复兴门的《和平》、《海豚与人》雕塑。同时期的另一件代表作品是中山公园里的《孙中山像》。这些作品代表了这一时期城市公共雕塑的特征。

1999年年初，为迎接即将到来的21世纪，由北京市雕塑办公室于化云主任牵头，贾庆林市长把关并参与环境设计，率先在长安街两侧设计制作大型城市公共雕塑。北京市设计了8件作品，这8件作品现在都设置在长安街两侧，如西单广场的《蒸蒸日上》，长安大剧院的《脸谱》（图3-1），草书《龙》、《风车》等，全部作品于1999年9月22日完成。这些作品深得百姓的喜爱，为新世纪的北京增添了新的光彩。这一举动也带动了全国其他城市的城市雕塑事业。也就是从这时起，国内的城市雕塑才真正意义上走出室内，走近百姓。

1999年，由北京牵头引发的城市雕塑大会战，诞生了一个新的概念，即公共化，城市雕塑要贴近百姓，

图3-1 脸谱

贴近生活。城市借助雕塑与观众全天候、零距离接触的效能，来表现、记录、见证城市的历史与文化，因此形成城市景观、标志和文化特色。作品基本上不要台座，不怕观众碰。没有了以往纪念碑雕塑高高在上、遥不可及的特征，人们身临其境，不仅可观，而且可感，环境艺术正是从整体空间的功能效用，改变了旧有的人与艺术间的关系。生存环境艺术化，消解了观者与作品的距离和艺术与生活的界限。这一新的方式从根本上置换雕塑作品从审美对象变为环境构成的参入者。如同人们从观赏者变成了环境艺术中的参与者一样，完全包括在一个环境艺术的范围里。开放性的雕塑本体空间，可以使人置身其中，感受不同视觉的丰富变化。雕塑突破了

图3-2 祥子拉车

固有的封闭性空间而更显灵动和自由。比如王府井东安市场的《祥子拉车》（图3-2），观众和行人可近前触摸，亦可坐上车拍照留念，因而备受游人喜爱。雕塑的可参与性增加了人与艺术作品交流的机会，愈发有了亲近感。雕塑的艺术价值远远超出了仅供观赏这一单一模式，由于参与交流的观众人数太多，城雕管理部门不得不每月维护一次，更换新的车支架。还有同升和鞋店前的《童趣》（图3-3），描绘了几个孩子在试穿一双特大

图3-3 童趣

号鞋的生动场景，令多少孩子、家长留连忘返。据说由于这组雕塑放置在鞋店门口，该店的营业额比原来增长了七倍。艺术作品与观众的成功交流，拉近了消费者与商家的距离。

如今，我国的城市公共雕塑还成为一种文化产业，它可以被微缩、仿制、模型化、卡通化，它成为城市旅游地附带产品。另外，城市房地产业也在关注雕塑带给居住空间的文化含义，业主购买的不仅仅是室内的居住面积，还包括窗外的景致。因此，公共雕塑与景观一起构成了提升居住环境品质的重要因素。

3.1.2 外国公共雕塑的历史回顾

在人类文明的历史上，公共空间中的雕塑艺术作品的历史可上溯到上万年。而现存最早的公共雕塑作品仅有4000～5000年的历史。在这条历史长河中，人类各民族都作出了不同的贡献，共同创造出了激动人心的作品。

3.1.2.1 古代埃及、西亚公共空间中的雕塑

北非的古埃及和西亚美索不达米亚的两河流域是人类文明的发源地之一，公共艺术在这里得到迅速发展。古埃及的公共雕塑大多是神庙雕塑和陵墓雕塑，最有代表性的是胡夫金字塔前的狮身人面像。政教合一的严格控制使雕塑带有明显的程式化和单一化特征。西亚的公共雕塑以浮雕为主，圆雕很少。如大流士一世胜利纪念碑（图3-4）、亚述尼尼微宫殿门前的五条腿神牛、伊斯

图3-4 大流士一世胜利纪念碑

达城门的琉璃动物浮雕等，反映了当时西亚的宗教信仰与社会生活情景。这两个地区的公共雕塑的特点是气势恢宏，手法简洁，有严谨、强烈的整体性与装饰感，雕塑与建筑空间形成科学、合理、艺术的布局与关系。

3.1.2.2 古希腊、古罗马公共空间中的雕塑

古希腊人重视人体,将神塑造成完美的、有血有肉的人。他们崇拜神,也崇拜和神一般完美的英雄——战士与运动家,并为他们塑造供人膜拜、瞻仰的偶像和纪念像。如此形成传统,在西方世代相传,成为一种纯粹的雕塑艺术。古希腊的公共雕塑艺术因城邦与神庙建设而繁荣。著名的雅典卫城的兴建为雕塑家们提供了展示的舞台。已不复存在的广场中心的持矛雅典娜铜像与仍保留下来的巴特农神庙的山墙、檐壁的浮雕及依瑞克先翁神庙的女像柱成为雕塑史上的经典之作。这些雕塑作品除了具有高超的写实成就之外,在主题构思、空间尺度和作品类型上都有突出的贡献。遍布城市的优秀运动员雕塑更是开创了公共空间中人体雕塑的先河。

古代罗马大规模的城市建设使公共雕塑无论在种类以及数量上都进入了新的阶段。独立于广场中心的骑马像和凯旋门、纪念柱、大角斗场、公共浴场、离宫花园等处的大量装饰雕塑都是这个时期的作品(图3-5)。

图3-5 古罗马雕塑

统治者的高度重视,使罗马城内的雕塑数量猛增。据记载,公元4世纪前半叶,有两尊异常的巨像,22尊大骑马像,80尊镀金像,73尊黄金象牙神像,3785尊铜像,大理石还未记录在内。公共雕塑的政治功能和世俗化色彩大大增强,艺术风格上继承希腊,崇尚写实,但未达到肖像雕刻的艺术高度。

古代希腊、罗马的公共雕塑,从艺术形式、造型模式上一直影响着世界各地的雕塑创作。古希腊、古罗马的雕塑作品不仅体现了高超的艺术技巧,而且还努力表现一种和谐的理想美。

3.1.2.3 欧洲中世纪的公共雕塑

对异教文化的摧毁和早期基督教的反对偶像崇拜,使欧洲中世纪的公共艺术雕塑在前期的四五百年内几乎停滞不前。直到公元9世纪,教皇强调要以形象化的雕塑艺术来宣传教义之后,雕塑才逐渐复苏。10世纪以后,随着大型教堂的兴建,建筑雕塑逐渐繁荣。

3.1.2.4 庄严、典雅的欧洲文艺复兴雕塑

15世纪后半叶至16世纪,文艺复兴文化在欧洲许多国家产生和形成。在欧洲的许多先进国家里,文化艺术达到了高度繁荣,文艺复兴掀起了欧洲文化艺术发展的一个高峰。文艺复兴文化是反对封建宗教的文化,提倡复兴希腊、罗马古典文化,起领导作用的是正在形成中的资产阶级。文艺复兴时期的雕刻,继承并发展了希腊、罗马雕刻艺术的传统,使雕刻艺术达到了高度繁荣。文艺复兴时期的著名雕刻家,差不多都集中在佛罗伦萨。最先出现的雕刻大师是季培尔蒂,佛罗伦萨洗礼堂的两扇青铜大门上的装饰浮雕是他的代表作。伟大的雕刻家米开朗基罗把这两扇大门赞誉为"天堂之门"。同一个时期的伟大雕刻家还有多那泰罗、委罗齐奥等。而米开朗基罗的出现,则标志着文艺复兴时期的雕刻艺术发展到了最高峰。他以写实的手法、准确的人体解剖学塑造人物形象,使人的形态有很强的力度感。文艺复兴时期的雕刻艺术对后期的雕刻家有极大的影响(图3-6)。

3.1.2.5 西方现代雕塑

西方雕塑经历了华美绚丽的17、18世纪和异彩纷呈的19世纪,进入了标新立异的20世纪。受现代建筑理论的影响,直接依附于建筑物的雕塑大大减少,而独立于建筑物的环境雕塑却大量发展。雕塑家们脱离了宗教和政治的束缚,雕塑创作更多地倾向于与环境的相处和对个性情感的表达,在艺术风格上对古典传统有所突破

和背离,并从各种艺术中汲取灵感,因而,20世纪的雕塑风格之多样化超过了历史上任何时期,风格变化之快也是前所未有(图3-7)。各国对环境的重视以及现代科学技术在雕塑创作中的应用,都促进了近现代雕塑艺术的迅速发展。

3.1.3 公共雕塑与环境的和谐

作为公共艺术作品,雕塑在设计的过程中,必须考虑与周围环境的和谐,必须考虑雕塑放置的场地周围相应的景观、建筑、历史文化风俗等因素,人群交流因素,以及无形的声、光、温度等因素。这一切都构成了环境因素,即社会环境与自然环境。因此,决定雕塑的场地、位置、尺度、色彩、形态、质感时,常要从整体出发,研究各方面的背景关系,通过均衡、统一、变化、韵律等手段寻求恰当的答案,表达特定的空间气氛和意境,形成鲜明的第一印象。人行走在这一环境空间中,才会对城市雕塑作品产生亲切感。

由于现代城市生活节奏快,高层建筑林立,使人被分隔、独立,造成了人文负面影响。因而在城市规划中,设立观赏区、休闲区、步行街、绿地等公共空间,并在其间设计雕塑,以求得人与环境的亲近感。在设计环境雕塑时,雕塑的尺寸大都采用接近真人的尺度,使观众的可参与性加强,从而满足了不同层次人们在城市公共环境中的舒适感。

城市环境的现代性,促使公共艺术作品不能满足于以往的传统模式,而更应丰富艺术作品的表现手法、材料技法,更加关注当代城市人的审美情趣、流行时尚、审美心理与习惯,只有这样,现代城市雕塑才能和谐地矗立在城市的公共空间中。

城市雕塑位置选择的着眼点当然首先是精神功能,同时还要兼顾环境空间的物质因素,以构成特定的思想情感氛围和城市景观的观赏条件。城雕一般放置的地点有以下几个地方:

(1)城市的火车站、码头、机场、公路出口。这是能给城市初访者留下第一印象的场所,有人曾这样断言:"看一个城市的景观,就知道整个民族的素质。"

(2)城市中的旅游景点、名胜、公园、憩地。这些地方是最容易聚集大批观众,而且最适合停下来仔

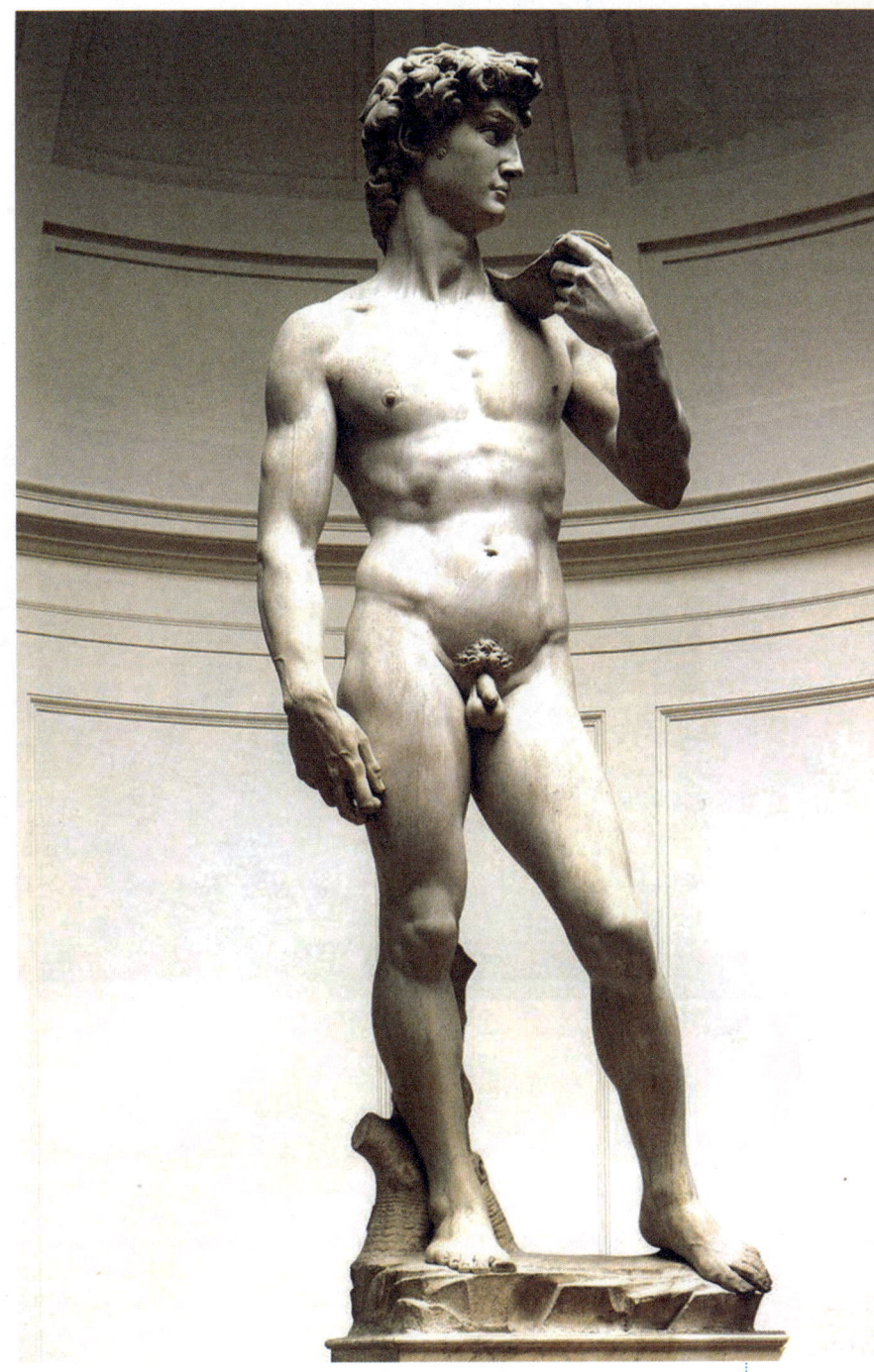

图3-6 文艺复兴时期的雕塑

城市化进程的加快给公共艺术作品的创作带来了良机，城市雕塑是社会的召唤和需要，公共艺术家们更应关注作品与大自然、与大环境的关系，以人为本，与草木为友，与土壤相亲、与环境和谐相济，去创造城市雕塑崭新的艺术境界。正如雕塑大师刘开渠先生所言："好的城市雕塑，往往成为一个国家、一代文化、一座城市的标志，这既为当代服务，又为未来的历史时代留下不宜磨灭的足迹。"

3.1.4 公共雕塑的作用和形式特征

公共空间中的雕塑在城市文化中占有很重要的地位，成为人类生活中的一种精神需求。生活在城市的人们会对城市中的雕塑产生情感、欲望、决心以至行动，这也是城市雕塑建立的初衷。虽然城市雕塑受到地域文化的制约，但也正是这样的制约才形成富有个性化的地域文化。城市公共空间中的雕塑是城市的名片，在世界发展史中，城市公共空间中的雕塑往往是随着城市地位的提升而越来越受到重视，并逐步渗透到市民的生活中。

城市公共空间中的雕塑作为公共艺术的组成部分，是城市中显著的一部分，它如同凝固的音乐、历史的丰碑、文明的窗口，它除了要与城市总体格调和环境相适应，体现城市历史文脉，个性化的城市文化特色和丰富的自然生态背景外，还要引入艺术创作新概念，大胆创新，从而体现富有时代特征的品格。

另外，立于城市公共场所中的雕塑作品在高楼林立、道路纵横的城市中，起到缓解因建筑物集中而给人的拥挤、局促、呆板和单一的印象，有时也可在空旷的场地上起到平衡视觉感受的作用。雕塑主要用于城市的装饰和美化，它的出现使城市的景观增加，丰富了城市

图3-7 西方现代雕塑

细欣赏城市雕塑的场地。

（3）城市中的重大建筑物。雕塑的主题性会在此显得更为明显。

（4）城市中的居住小区、街道、绿地。这些地方的环境和谐、气氛温馨，是最容易让雕塑与人亲近的地方。

（5）城市中的桥梁、河岸、水池。这些地方容易让雕塑作品产生诗意。

（6）城市中的交通枢纽周围。此地虽能扩大雕塑的影响力，但作品不宜陷入局部细节的刻化，而应形体明快、轮廓清晰，一目了然，令人过目不忘。如此一来，城市雕塑在放置之后，既能充分表达作者的设计意图，又便于观众欣赏，达到公共艺术作品最佳的艺术效果。

居民的精神享受。因此，城市雕塑的建立是非常严肃和慎重的，一般需要由行政部门（如市政厅或国家相关政府机构）下令，由其下属的美术或雕塑组织具体负责筹划、实施，通过招标，或专门邀请某位或某几位雕塑家进行创作完成。作为城市的组成部分，城市雕塑一般建立在城市的公共场所，如道路、桥梁、广场、车站、码头、戏院、公园、绿地、政府机关等处，它既可以单独存在，又可以与建筑物结合在一起。后者一般是作为建筑物的一部分，如高楼、厅堂等公共建筑上的浮雕装饰，和立于街心或广场上的纪念碑等，因此又需要和建筑师合作完成。城市雕塑的题材范围较广，举凡与该城市的地理特征、历史沿革、民间传说、风俗习惯、文化艺术、各行各业的杰出人物等有关联者皆可创作并建立，有的甚至与此无关者，但能起到美化城市，给人以审美价值者也可以采用。优秀的城市雕塑可以被人们视为该城市的市标。

城市雕塑在形式上有圆雕、浮雕，或独立一处，或附属于建筑物，或置于大庭广众之中，或隐于林阴小路之上。在材料上有石雕、水泥、铜雕及其他金属材料。城市雕塑一般都形体高大，气势恢宏，具有纪念意义，但亦有点缀场景、形体较小者。前者多建在广场、车站、政府机关等重要的公共场所，后者多散置于公园、公共绿地、林阴道等处。

3.1.5 公共雕塑的发展趋势

20世纪90年代末，现代雕塑开始从室内走向公共空间。尽管当时现代雕塑还仅限于在公共空间展览，但一些有创造性的艺术家在雕塑题材上反映了当代社会的紧迫问题，关注生存，关注环境；在形式上吸收了装置艺术的观念，将日常生活的现成品与雕塑结合起来，这样进入现场的公众更能从自身的经验中感受艺术家所提出的问题。

而今，公共艺术的发展预示着中国艺术的新趋势，更年轻一代的艺术家开始利用现代图像的制作技术与方式，如摄影、摄像、计算机图像和信息技术等，来表达自己的艺术追求与生活方式，他们有可能将中国公共艺术引领到网络时代。

3.2 国内外优秀雕塑作品个案解析

3.2.1 标志性的公共雕塑

标志性的公共雕塑作品具有说明性的功能，树立和展现城市的形象，无论是含蓄隽永的，还是寓意深远的，只要是形象优美、鲜明易懂、雅俗共赏，都成为城市公共艺术中的重要组成部分。

每个时代都有其独特的历史文化特征，每个城市都有其自身的文化与历史背景，标志性公共雕塑则要以其塑造的内容和形式，展现其所在城市及所在环境的特征。并且，它是与当时的经济、文化、宗教、军事以及人们的精神追求分不开的。因为在不同的时代，艺术的演变与成就是不一样的，而且艺术也是时代演变的产物。标志性的雕则是以其独特的艺术形式，展现了不同时代的风貌与格调。

3.2.1.1 我国标志性的公共雕塑作品解析

五羊 花岗岩雕塑 设计：尹积昌、陈本宗、孔凡伟

这件雕塑是一组动物群雕，高8m，位于广州市越秀公园。雕塑来源于广州起源的传说，作品构图紧凑，动物姿态挺拔，轮廓影像鲜明，早已成为广州市的城市标志（图3-8）。

图3-8 五羊

毛泽东像　环氧玻璃钢　　1967~1970年　设计：田金铎

这件作品（图3-9）位于沈阳中山广场，总高20.5m，是建国后体量最大的作品之一，也是环氧玻璃钢在国内首次成功应用于大型雕塑作品的典型例子。毛泽东形象塑造得有力度和气势，至今看来仍是值得称道的艺术品。

品。南山海上观音位于海南三亚南山边，高108m，底部的金刚石座在海里砌成，投资33亿建造。据佛教经典记载，救苦救难的观音菩萨为了救渡芸芸众生，发了十二大愿，其中第二愿即是"常居南海愿"。《西游记》中，孙悟空向来喜欢到此地求援，观音大士也每次都会解囊相助。观音圣像总体表示观音"大

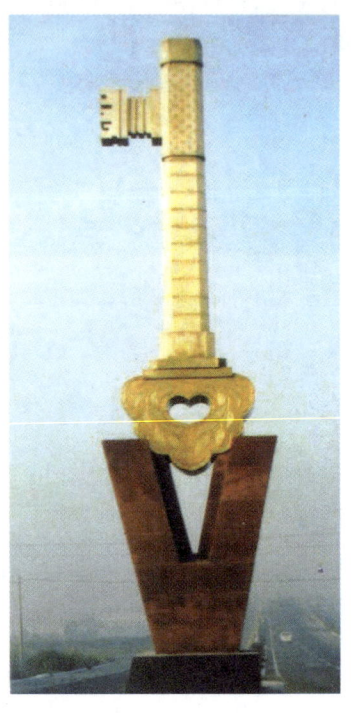

图3-10　希望之门

图3-9　毛泽东像

希望之门　铜　1991年　设计：张秉田

《希望之门》雕塑总高15m，伫立在沈大高速公路终点后盐站。作品的深刻含义是暗喻高速公路为辽东半岛的开放开启了希望之门（图3-10）。

海南三亚海上三面观音

海南三亚特殊的地理位置使之成为中国的一大旅游胜地，南山的海上观音是诸多名胜中唯一的公共艺术作

图3-11　三面观音

慈与一切众生乐,大悲拨一切众生苦"的大慈大悲形象。是"慈悲"、"智慧"与"和平"的精神象征。这尊巨大的观音像分成三面,正面观音手持经箧,右面观音手持莲花,左面观音手持念珠,依次象征智慧、平安、仁慈(图3-11)。每一尊法相蕴涵一种大智能及感应功能,能增福添慧、保佑平安。

五月的风　钢板喷涂　设计:黄震

《五月的风》是青岛市五四广场的标志性雕塑,高30m,直径27m,重达500余吨,是我国目前最大的钢质公共雕塑。该雕塑以青岛作为"五四运动"的起源地这一主题充分展示了岛城的历史足迹,深涵着催人奋进的浓厚意蕴。雕塑取材于钢板,并辅以火红色的外层喷涂,其造型采用螺旋向上的钢板结构组合,以洗练的手法、简洁的线条和厚重的质感,表现出腾空而起的"劲风"形象,给人以"力"的震撼(图3-12)。雕塑整体与浩瀚的大海和典雅的园林融为一体,成为五四广场的灵魂。

图3-12　五月的风

3.2.1.2 国外标志性的公共雕塑作品解析

石墓　新石器时代　发现地:法国

从中石器时代到新石器时代,有一个"巨石文化"时期,那些巨大的、自然状态的岩石块垒筑起的建筑物,其功用与石构的居住场所不同,他们往往标志着某种重大的宗教信仰。石墓(图3-13)这种巨石建筑也是原始艺术的重要遗迹。"巨石文化"反映出人类氏族集团社会生活得相对安定,倘若没有相对的集权、统一意志和足够的劳动力,这些与庞大巨石相关的工程无论如

图3-13　石墓

何是兴建不起来的。通常认为这种石墓是部落首领或部落的墓地。

石垣　中石器时代　发现地:英国

据说这是专门用来祭祀太阳神而建造的宗教崇拜场所(图3-14)。排列有序的巨石栏块上,科学家经过考察发现石垣具有天文历法的精确性:每年夏至日那天,初升的太阳光恰好穿过东西两块石栏的中间,与外圈的一块单独的"蓝石"形成一条直线。

图3-14　石垣

基泽三金字塔　公元前2600~2500年　埃及第四王朝

位于尼罗河三角洲上基泽的三座大金字塔,是古埃及最成熟的金字塔代表。金字塔单纯、简洁的形体拔地而起,显出庄严、雄伟的气派。三座塔之间相隔三分之一公里。锥形塔尖象征着太阳永远普照(图3-15)。

狮身人面像　高20m,长57m　约公元前2530年　古埃及

被希腊人称之为"斯芬克司"的奇异怪兽位于埃及开罗附近尼罗河西岸的沙漠台地上,面向东方,守卫在

图3-15 金字塔

三座大金字塔前。其头部雕成古埃及第四王朝第四个国王卡夫拉的头像,身子则是呈坐卧姿态的狮子形象。头的后脑刻着一只象征神的威严的鹰的形象,脸部约有5m长,仅头上的一只耳朵也有2m左右。为什么把国王刻成一个神怪形象呢?埃及人的神话中尊奉"鹰"和"狮子"。他们把"鹰"视为最高的神兽,称之为"荷拉斯",即"太阳神";"狮子"则是战神萨克米的象征物。埃及国王相信雕像能代替死者生前的一切,灵魂将永存雕像中。作品高度概括的形体处理和惊人的尺度增强了艺术魅力(图3-16)。

图3-16 狮身人面像

奥尔梅克武士巨石头像　高2.80m 公元前1500~300年　前中古时期　发现地:墨西哥湾沿海

奥尔梅克武士巨石头像发现于墨西哥海滩一个村子附近,高约305cm,重约30余吨,用玄式岩凿刻而成,现藏于墨西哥国立人类学博物馆里。巨大的整块玄武岩雕刻成的武士头像,屹立在原野之上,现在已发现14尊,最大的高3m多,形象有鲜明的地域特色,表情悲壮,但其用途至今不明。此雕像有两种说法:一是与古代的竞赛、祭祀有关,二可能是古代奥尔梅克人的领袖头像(图3-17)。

图3-17 奥尔梅克武士巨石头像

青铜母狼像　公元前6世纪　罗马

传说特洛伊城被希腊人攻破时,有兄弟俩逃亡出去,被母狼喂养长大。后来,哥哥罗马诺创建了罗马城。因此,母狼被尊为罗马国母。母狼雕塑为依特拉利亚人所作,两个小孩是文艺复兴时期添加上去的。这件雕塑后成为罗马市的城市标志(图3-18)。

图3-18 青铜母狼像

雨神恰克摩尔　后古典时期　10世纪至13世纪
墨西哥

这是玛雅文化与托尔特克文化的融合。这件斜卧的雨神恰克摩尔正扭头专注地盯着观众，似乎要起身（图3-19）。据说他手中的托盘是用来盛放被杀祭的牺牲者的心脏。雕塑经历千年风雨，石头的质感强烈，更显现出主人公的神秘莫测，亨利·摩尔曾说："墨西哥雕刻是石雕中最富有石质感的。"

图3-19　雨神恰克摩尔

米宁和波查尔斯基　青铜　高4.90m，座高3.90m
1814~1818年　作者：马尔托斯

这尊青铜雕塑以严谨的古典写实手法再现米宁和波查尔斯基这两位抵抗拿破仑入侵的英雄，现立在莫斯科红场华西里·布拉任大教堂前，有很强的时代感（图3-20）。

图3-20　米宁和波查尔斯基

自由女神　锻钢　总高93m　设计：费雷德里克·巴托尔迪（法国）

图3-21　自由女神

《自由女神》雕塑立于纽约港口贝德罗岛。雕塑特定的文化和时代背景——美国独立战争的胜利，使自由女神成为美国的标志。作者1851年在革命中目睹了一位勇敢的女郎手持火炬越过街垒，呼唤人们前进的一幕，1856年又在苏伊士运河见到女神像灯塔，并受到德拉克洛瓦的油画《自由引导人民》的启示，决心创作一尊自由女神像。其好友——法律学家拉布莱建议把自由女神像作为法国人民庆贺美国独立100周年的礼物，赠送给美国人民。费雷德里克·巴托尔迪亲自选址，把铜像分成300个部件，用30万个铆钉，在埃菲尔工程师设计的铁架上组装而成。铜像基底为一座博物馆，有楼梯，可进入铜像。整个雕塑从基座顶至火炬高达46m，基座高47m，总高93m，"女神"从脚至头高33m，头高5m，鼻长1.2m，嘴宽1m，头部可容纳40人，火炬周围可站12人。因工程浩大，工期拖后，在美国建国100周年时只把完成的局部（持火炬的手）先运到了费城参加建国100周年博览会，引来了900万人参观。1885年，214个货箱将这尊雕像的其余部分全部运至纽约港。美国自由女神像的位置选在密西西比河出海口的贝德罗小岛上，面临大西洋过往的航船，背后是纽约整个城市建筑的轮廓，它不仅是自由的象征，还是开放和欢迎（包容）的象征——金色的大门接受所有肤色、种族和信仰不同宗教的人们,因为这里亦是移民上岸的泊地。当人们自大西洋越洋而来,入到河口时,自由女神高擎火炬的姿态,无疑给人们心灵以无比的安慰。位置的认定使雕像主题的意旨更加明确,同时自由女神的塑像又成了纽约城市环境的一个砝码,平衡了对岸过于拥挤的高楼呈现的沉重感,稀释了整个城市的空间密度(图3-21)。

图3-22 杰芬喷泉雕塑

杰芬喷泉 1908年 丹麦哥本哈根

作为城市标志而建设的杰芬喷泉(图3-22),原来是哥本哈根的象征。然而当1913年根据安徒生的童话创作而成的《海的女儿》诞生之后,杰芬喷泉就逐渐被人们淡忘,《海的女儿》逐步代替了杰芬喷泉而成为哥本哈根甚至是丹麦的标志了。

海的女儿 青铜 1913年 哥本哈根 朗厄里尼港湾畔海滨公园

《海的女儿》是根据丹麦童话作家安徒生的同名著

图3-23 海的女儿

作创作的铜像,作者是丹麦雕塑家艾德华·艾立克森。雕像出色地表现了小美人鱼对王子的恋情失败后宁肯牺牲自己化为泡沫,而不去伤害他人的善良的内心世界,其安详、忧郁的神情深受人们喜爱(图3-23)。这尊雕像被公认为哥本哈根的标志。

工人和女庄员 不锈钢 高24.30m 1937年 作者:维拉·莫希娜 (前苏联)

1937年,巴黎国际展览会苏联馆的顶部出现了两个高举镰刀、锤头的巨人。这就是建筑师约凡在设计苏联馆时提出构思,后被女雕塑家维拉·莫希娜天才地加以实现的

图3-24 工人和女庄员

雕塑。从侧面看,雕塑加强了建筑的水平动感;从正面看,雕塑发展了建筑向上飞升的垂直线条。雕塑刻画的充满信心、健步前进的青年男女显示了当年苏联迅速崛起的生命力(图3-24)。雕塑采用了不锈钢片锻造成型的工艺,保证了巨人雕塑银光闪闪的效果。这件作品被公认为前苏联雕塑史上的经典之作。展示结束后,雕像被搬回莫斯科。雕像现在的基座过矮,虽然前面加了一个水池,以图用水中倒影达到加高基座的效果,但未能扭转比例不协调的感觉。

祖国——母亲 水泥雕塑 总高102m 设计:符切基奇 (前苏联)

这是前苏联最大的一座以雕塑为主体的纪念性综合体,建在二次世界大战时期苏德两军发生激战的斯大林格勒城郊马马耶夫高地上。

象征"祖国——母亲"的高大的妇女塑像,高85m,连同底座重达800吨,规模宏大,尺度惊人,有

图3-25 祖国——母亲

强烈的震撼力。她面向波涛滚滚的伏尔加河，右手执利剑，左手指向柏林，她在号召自己的英雄儿女冲锋陷阵，消灭敌人（图3-25）。

撒尿的男孩 铸铜 布鲁塞尔

《撒尿的男孩》（图3-26）是布鲁塞尔的标志雕塑。它是一件小得不起眼的雕塑，如果没有导游的指引，一

图3-26 撒尿的男孩

个外来人要找到它真的很困难，但是它的名气却很大，如果没有见到它，就好像没有到过布鲁塞尔一样。这个雕塑来源于一个小孩撒尿救了全城人的动人故事，因此它成了布鲁塞尔的标志。每个城市都有其自身的文化与历史背景，城市雕塑则是以其雕塑的内容和形式，体现了其所在城市及所在环境的特征。

救世主基督像 高36m

在巴西里约热内卢市郊山坡上树立的这尊巨型基督像，呈十字形，显得崇高而又伟大（图3-27）。"基督"伸开双臂，俯瞰着整个城市，仿佛传达着基督教的救世精神。这座雕像不仅是宗教神圣的化身，而且成为了里约热内卢和巴西的标志。

这件作品的选址非常成功，雕塑与山峰融为一体，底座是一个能容纳150人的教堂。

图3-27 基督像

手锯 东京国际展览中心 设计：克来斯·奥登伯格（美国）

放大了的手锯异常醒目，放置在公共空间中形成独具特色的标志性雕塑作品（图3-28）。

大衣夹 1976年 设计：克莱斯·奥登伯格

这件超出人们视觉经验的具象雕塑作品位于费城中心广场地铁入口。把人们熟悉的日常生活用品放大，令

观者匪夷所思。此作品已是费城的象征，用这样一个小小的夹子作为一个城市中的纪念物，除了体现出对生活的尊重，也有对过去的艺术准则的辛辣讽刺（图3-29）。

图3-28 手锯

女性解放式雕像 德国汉诺威河边公园 作者：圣法勒

这件巨大的象征着女性解放的雕像安置之初几乎遭到全民的反对，后被政府收购。但今天，这座雕像却成了市民的最爱，也成为当地最著名的标志性公共艺术作品（图3-30）。

图3-29 大衣夹

图3-30 女性解放式雕像

蜘蛛 设计：路易斯·布尔乔亚

黑色的八只巨脚张力十足地盘踞在日本六本木"森之塔"的入口广场前。这件作品对当今商业区形成巨大视觉的冲击，它深深地吸引了观众的目光，成为商业区中的焦点。同时，它也成为当地的标志性雕塑（图3-31）。

图3-31 蜘蛛

3.2.2 纪念性雕塑

纪念性雕塑是公共雕塑的骨干和代表，是各个国度、不同时代不可或缺的，是历史的化身和体现。纪念性雕塑旨在表彰和讴歌那些在历史上对国家和民族做出重大贡献和业绩的人物，铭刻和纪念那些在历史上有重大影响的事件或某种共同的观念。

纪念性雕塑正如我们史书上的插图，记载了不同时代的历史和文明。历史上不同年代的雕塑都记载了不同时期的人们的生活状况与精神追求，看不同时代的雕塑，就像读不同年代的教科书，每个时代都给人以不同的思考和启迪。

一般，这类雕塑多在户外，也有在户内的，如毛主席纪念堂的主席像。户外的纪念性雕塑一般与碑体相配置，或雕塑本身就具有碑体意识。如1990年建成的《红军长征纪念碑》，堪称我国目前规模最大的雕塑艺术综合体。纪念性雕塑一般使用能长期保存的雕塑材质，并安置在特定的环境或纪念性建筑的综合体中，具有庄严与永久性的纪念特征。

我国的纪念性雕塑不晚于先秦。现存传统大型纪念碑雕塑如西汉霍去病墓前的石雕群，东汉李冰像石雕及大足宋刻赵智风像等，均较典型。这些雕塑从内涵上表达了当时的统治阶层的观念和思想，渗透着时代的气息和脉搏。

纪念性雕塑往往占据着重要的位置，比如城市中最主要的广场或与预备纪念的对象有关的地方。而且其所在位置还要有进行纪念性公众活动的足够空间。户外纪念性雕塑本身就具有庄严的碑体意识，一般情况下还是会与碑体搭配。

在20世纪后半叶，就公共艺术而言，一个崭新的时代出现了，大型的公共空间艺术替代了以往的纪念碑。在欧洲，随着艺术从国家权力的庇护和教会的控制中解脱出来，失去了其在公共环境中的历史角色和纪念性的影响力，征服感和崇拜感不再是艺术家的唯一追求，轻松、大众喜闻乐见的公共作品应运而生。

费城是美国拥有雕塑作品最多的城市之一。在费城，有大量的以历史、英雄及爱国主义为题材的雕塑作品。这些作品涵盖了多种材料的应用。20世纪60年代中期，新技术和新材料不断应用于艺术作品之中，如金属材料等这样硬制的材料的应用，使作品的尺寸更加宏大。在这一时期，雕塑作品应用于公共艺术之中，体现了城市和集体创新性和自豪感。这些当代的纪念性作品述说了20世纪后半叶所发生的事情，如反法西斯战争、大灾难、人为和自然的大破坏，另外还包括一些英雄主义和献身精神的作品。

总之，纪念性是城市雕塑传播文化的一个重要方式，通过对历史事件、人物的刻画与表现，重现了当时的历史的英雄人物及时代精神。

3.2.2.1 我国纪念性雕塑作品解析

马踏匈奴　霍去病墓石雕

西汉时期的中国雕塑艺术成就突出表现在大型纪念性石刻和园林的装饰性雕刻上，其中汉朝骠骑将军霍去病墓石刻就是留存至今的一组非常具有代表性的大型石雕作品。

现存霍去病墓石刻共有14件，均以花岗岩雕成，以动物形象为主，烘托出霍去病生前战斗生涯的艰苦。霍去病墓石刻群雕在中国雕塑史上有着十分重要的地位，不仅因为它年代久远，是整个陵墓总体设计不可分割的一部分，更重要的在于它打破了汉代以前旧的雕刻模式，建立了更加成熟的中国式纪念碑雕刻风格，具有划时代的意义。这些作品以其简洁的造型、粗犷的风格、宏大的气势寄托了对英雄的歌颂和哀思，也反映了正处于上升时期的汉朝统治阶级生机勃勃的精神面貌。霍去病墓的石刻群雕，是中国古代雕塑艺术发展史上的一座里程碑，对后世陵墓雕刻的艺术风格产生了极其深远的影响，是中国古代大型纪念碑雕刻的典范之作。

《马踏匈奴》是整个群雕作品的主体，同时也是这组雕塑所讴歌的主题。雕塑中，作者运用了寓意的手法，用一匹气宇轩昂、傲然屹立的战马来象征这位年轻的将军。它高大、雄健，以胜利者的姿态伫立着，有一种神圣不可侵犯的气势；而另一个象征匈奴的手持弓箭的武士则仰面朝天，被无情地踏在脚下，显得那样渺小、丑陋，蜷缩着身体进行垂死挣扎（图3-32）。

图3-32　马踏匈奴

整个作品风格庄重、雄劲、深沉、浑厚，寓意深刻，耐人寻味，既是古代战场的缩影，也是霍去病赫赫战功的象征。雕塑的外轮廓准确、有力，形象生动而传神，刀法朴实、明快，具有丰富的表现力和高度的艺术概括力，是我国陵墓雕刻作品的典范之作。

明十三陵神道

十三陵的布局在满足礼制功用的同时，与山川、水流、植被等自然环境因素密切结合，浑然一体（图3-33）。而今，原有的视觉震撼让位于粉饰的旅游公园。

图3-33 明十三陵神道

人民英雄纪念碑　花岗岩、汉白玉　高37m　1949~1957年　建筑设计：梁思成　浮雕创作：刘开渠、曾竹韶、滑田友等

图3-34 人民英雄纪念碑

新中国成立之初，为了纪念为共和国献出生命的先烈们，由毛主席奠基，在天安门广场树立起人民英雄纪念碑，这是新中国成立后的第一件公共艺术作品（图3-34）。纪念碑基座表面雕刻的浮雕作品记录了百年来重大的历史事件，具有极高的史料价值和艺术价值。这件作品熔铸了许多老雕塑家的民族情感和传统精神。曾竹韶创作的浮雕《焚烧鸦片》，采用了传统雕塑构图法，浓缩了中华民族威武不屈的精神；滑田友创作的浮雕《五四运动》，是他从法国归来后在艺术探索中的又一次升华，充满浓郁的现代中国雕塑艺术的民族气派。刘开渠在浮雕的构图和人物高低比例、浮雕的薄厚层次上采用大胆的创新，展现了鲜明的独特艺术风格。刘开渠、曾竹韶、滑田友等这些雕塑界的前辈大师们，他们将中国古代雕刻艺术传统的精华与欧洲写实主义艺术完美融合，为中国现代雕塑艺术的开拓做出了卓越贡献。

鲁迅纪念雕像　铜　作者：萧传玖

上海鲁迅公园里的这尊手握书籍，正襟危坐在藤椅上的鲁迅像使人不禁联想到他的文章、他的性格以及他对中国文学和革命的贡献。

雕像设计在高高的汉白玉基座之上。基座用四块花岗石镶成，上部的浮雕花饰采用了鲁迅先生亲自设计的著作——《坟》扉页中的云彩图案，其下刻阴文的生卒年份："1881~1936"。雕像总高1.71m，周围苍松、翠柏环绕，衬托得雕像愈发庄重、典雅（图3-35）。

图3-35 鲁迅纪念雕像

宋庆龄像　大理石　设计：张德蒂

这件雕塑高2.80m，设计在上海宋庆龄墓前，用洁白的大理石雕刻而成，在绿色的长青松柏的映衬下显得格外洁白、纯静，与墓主人的生前品格和谐一致（图3-36）。

宜昌大撤退纪念碑　花岗岩石、铸铁　设计：武汉理工大学建筑设计研究院

湖北省宜昌素有"川鄂咽喉"之称，历来是兵家必争之地。自1876年中英签署《烟台条约》后，宜昌被辟

图3-36 宋庆龄像

为通商口岸，并成为长江航线上的一个重要转运港。

抗日战争时期，宜昌更成为悬系中国命运的咽喉。1937年11月，南京沦陷，国民政府宣布迁都重庆，并确定四川为战时大后方，进出四川的通道就成了抗战的重要运输线。当时入川，少有公路，更没有铁路，只有走长江。而宜昌以上的三峡航道狭窄，弯曲复杂，滩多浪急，险象丛生，有的地方仅容一船通过。1500吨以上的轮船不能溯江而上，所有从上海、南京、武汉等地西行的大船，当时都不能直达重庆，乘客和货物都必须在宜昌下船换上能走长江三峡的大马力小船，才能继续溯江进川，这件作品描述了这一历史事件，采用了圆雕、浮雕，具象、抽象的表象形式和创作手法（图3-37）。

图3-37 宜昌大撤退纪念碑

徐悲鸿像 铸铜 作者：钱绍武

这件作品是为纪念中国美术的先驱徐悲鸿先生而创作的。作品放置在先生生前创立的中央美术学院的新校园里，雕像背后就是学院办公楼。从楼上看下来，先生微驼的脊背、瘦削的身躯、疾步前行的动作让后人感动且备受鞭策。先生一生为中国美术教育鞠躬尽瘁、死而后已的高尚人格与毕生追求为后人所敬仰，把先生的雕像设计在这一空间，非常有意义（图3-38）。

图3-38 徐悲鸿像

吴作人像 青铜 作者：张德峰

吴作人先生继徐悲鸿、江丰先生之后，担任过中央美术学院院长，为中央美术学院的建设和发展做出过巨大贡献。吴作人铜像屹立在中央美术学院校园里，不仅仅是增添人文色彩，更多的是体现学院薪火相传的优良传统。

作品造型为吴作人先生写生状态下的半身像：左手持写生簿，右手执笔，目光炯炯，眺望远方，嘴角带着他一贯慈蔼的微笑——深刻地再现了先生严谨、勤奋的治学态度与人格魅力（图3-39）。

图3-39 吴作人像

图3-40 唐山大地震纪念碑

唐山大地震纪念碑 钢筋混凝土 花岗岩 唐山中心广场东部

抽象与具象结合的构成方式是这件巨型雕塑的显著特点（图3-40）。纪念碑由主碑和副碑组成，副碑以废墟形式建造，正面刻有碑文，详述着唐山大地震这一历史事件；主碑碑座高30m，碑身高30m，由四个独立梯形柱组成，既象征着地震造成房屋建筑开裂，又象征着新建筑纷纷拔地而起。上部犹如伸向天际的四只巨手，象征着"人定胜天"；下部碑身四周八块浮雕组成方形，象征着祖国四面八方对唐山灾区的支援。碑座四方踏步均为四段，每段七步，象征着"七·二八"这一难忘时刻。碑体正面中间，悬挂着胡耀邦同志题写的"唐山抗震纪念碑"匾额。

南京大屠杀雕像 铸铜 作者：吴为山

图3-41 南京大屠杀雕像

这件作品置于南京大屠杀纪念馆。一个绝望的母亲手捧着被屠杀的骨肉悲愤交加，寓意深长。灰色的作品，灰色的环境，让人对这段历史难以忘怀（图3-41）。

大爱永生（5·12汶川地震纪念雕塑） 铜 作者：林天强

两只巨大的手，寓意明显。歌颂了中国人民面对这场灾难，不放弃、携手共渡难关的骨肉情怀（图3-42）。《大爱永生》诞生后，作者将它捐献给灾区，并置于永远停于14点28分的汉旺钟、被地震毁坏的东汽厂旧址以及新建的地震工业遗址博物馆的三角地带中心。这是唯一一件于震后一周年时在地震灾区落成的公共艺术作品。

图3-42 大爱永生

3.2.2.2 国外纪念性雕塑作品解析

萨莫特拉克的胜利女神 大理石 公元前4世纪 希腊

希腊人为了纪念击溃埃及入侵所取得的胜利，在萨莫特拉克岛海边高耸的岩石上树立了萨莫特拉克的胜利女神像。基座处理成船头的形状，表现了雕像所处的情节瞬间。刚刚飞降下来的女神，双翼尚未收拢，动态把握得奥妙、生动。人体和衣裙刻画得十分完美，不愧为古希腊最杰出的城市雕塑。雕塑被发现时，已是100多块碎片，头和双臂已残缺（图3-43）。

图3-43 萨莫特拉克的胜利女神

海神波赛东像 青铜 高209m 公元前460年 希腊

1928年，希腊人在优卑亚岛附近的海底找到了这尊

图3-44 海神波赛东像

青铜像。这件古希腊时期的雕像完美地解决了"开放型"雕像的重心问题，显示出海神波赛东藐视一切的威严气概（图3-44）。波赛东是希腊神话中的海神，他是宙斯与哈德斯的兄弟，手持三叉戟，时常驱赶着由金鬃铜蹄的白马驾驭的战车巡弋于海域。

马尔克斯·奥里利厄斯　青铜　罗马

图3-45 马尔克斯·奥里利厄斯

这尊壮观的古罗马骑士像之所以没有在中世纪遭到毁坏，而成为唯一幸存的古罗马骑士像，只是因为当时人们误认为它是君士坦丁皇帝的肖像。后被米开朗基罗移入卡比托里广场中心，并用美丽的地面图案衬托（图3-45）。

夜　云石　作者：米开朗基罗

这件作品是为美弟奇家族礼拜堂设计的，是米开朗基罗费尽心思的精品工程。雕像设计在安放茱莉亚诺坐像的壁龛下方，与另一件雕像——《昼》对称放置。《夜》的造型更为震撼、动人：紧张得如同硬弓一样的脊背做了明显的夸张，结实、饱满的躯体蕴涵着勃发的生命力。但是她在昏睡，象征着黑暗，象征着安宁（图3-46）。

图3-46 夜

大卫　大理石　作者：米开朗基罗

这是米开朗基罗在25~29岁时完成的雕像。米开朗基罗一反以往雕刻家把大卫表现为少年的惯例，而将其塑造成一个健壮、完美的青年，并选取了与巨人哥利亚的战斗开始前的瞬间情节，把势不可挡的力量、强烈的紧张感和爆发性的能量结合在一起，创造了这尊文艺复兴时代的真正巨人（图3-47）。作品受到市民的热烈欢迎。作品原为美弟奇府邸设计，后被移入佛罗伦萨美术学院大厅。

大卫　云石　高17m　作者：贝尼尼（意大利）

图3-47 大卫

这件与米开朗基罗、多纳泰罗等人同题材的名作，就留有艺术家本人所处时代特有的动荡不安的情绪。面对无形的敌人哥利亚，大卫身处旋风般转身一击的瞬间已将艺术家恪守的强调动态、强调明暗对比的艺术准则表露无疑，这同时也是巴洛克风格在造型方面的特征（图3-48）。

图3-48 大卫

加莱义民　青铜　作者：罗丹

作品取材于14世纪英法战争中一个真实的悲剧故事。六位义民为拯救全城市民，挺身而出，慷慨就义。罗丹突破以往把英雄神化的传统的纪念碑创作思路，而塑造成有血有肉的普通人，揭示其内心历程和独特个性，为纪念性雕塑的艺术语言作出划时代的贡献（图3-49）。

图3-49 加莱义民

图3-50 巴尔扎克

巴尔扎克　青铜　作者：罗丹

这件雕塑，罗丹耗时7年深入研究，先后设计17件草稿才得以完成。罗丹用以神带形的写意手法表现巴尔扎克过人的创作精力、坎坷的生涯、无止境的挣扎和伟大的毅力与精神。然而作品完成之后却被攻击为"装在口袋里的癞蛤蟆"，被作家协会退货。罗丹因此预言："若是真理不该死，我的雕像终将立于不败之地。"1938年，这件作品以青铜铸成，安放在巴黎市市中心（图3-50）。

拉什莫尔国家纪念碑　头高18m　1927~1941年
设计：加特森·博格勒姆　美国南达科塔州

为纪念美国历史上做出巨大贡献的四位总统——乔治·华盛顿、托马斯·杰弗逊、亚伯拉罕·林肯、西奥尔多·罗斯福，雕塑家加特森·博格勒姆和他的儿子及助手们开始了这一宏伟作品的创作。大景观、大手笔的创

图3-51　拉什莫尔国家纪念碑（远景）

作构思显现出设计者英雄般的热情和伟大的胸怀（图3-51），原设计雕刻全身像，后因作者逝世而停止。后人在对四位总统崇敬的同时，也在仰视雕塑家——加特森·博格勒姆。

宁死不屈（斯大林格勒战役大型纪念综合体前雕像）　水泥　作者：叶·符切基奇

符切基奇是前苏联最杰出的雕塑家之一，和穆希娜等人齐名，先后被授予"社会主义劳动英雄"、"人民艺术家"称号，获得过列宁奖金。在前苏联，这是三项最为显贵的殊荣，只有极少数的艺术家能够得到。符切基奇是全苏美术家中唯一的"三项全能"。《宁死不屈》矗立在《祖国——母亲》雕像前方，健硕的战士形象显现出坚韧不屈、大无畏的英雄形象（图3-52）。

图3-52　宁死不屈

祖国——母亲　不锈钢雕像　高102m　设计：叶·符切基奇、华·包洛达伊

这是纪念乌克兰卫国战争的大型纪念性综合体主题雕像，是前苏联最后一件以雕像为主体的大型综合体，也是结合自然环境艺术处理最成功的作品。建在风景如画的基辅市郊。该作品《祖国——母亲》总体布局严谨周密，场面宏大，调动了雕塑、建筑、园林、音乐、绘画、文物陈列、电影幻

图3-53　祖国——母亲（局部）

图3-54　祖国——母亲（远景）

灯、火炬灯光、水景灯光等多种艺术手段，围绕同一主题，各自发挥独特的形象语言，组成层层展开的序列空间，从视觉和听觉多角度强化渲染，全方位地交织影响着观者的各种感官，达到了以雕塑为主体的大型艺术综合体纪念性的教化作用（图3-53、图3-54）。

布朗基纪念碑　青铜　高2.15m　作者：阿里斯蒂德·马约尔

与马约尔作品一贯安详、平静的特征相反，这件作品却以大幅度的扭曲与转折、强烈的形体起伏吸引了观众（图3-55）。这是死在狱中的巴黎公社的革命家布朗基的纪念碑，雕像寓意着主人公一生不屈的抗争，含义深远，耐人寻味，其构思采用的是纪念性雕塑的象征手法。

图3-55　布朗基纪念碑

德彪西纪念碑　青铜　高0.92m　作者：马约尔

印象主义作曲家德彪西是雕像作者马约尔在那比派中的朋友。作者以一尊抒情的女人体来纪念德彪西，似乎着眼于优美的旋律所渲染的动人的意境（图3-56）。

图3-56　德彪西纪念碑

苏捷斯卡战役纪念碑　白水泥　高19m

这座纪念碑建在波黑共和国国家公园，是前南斯拉夫最大的战争纪念综合体。1943年，铁托及其司令部粉碎了德军12万人的围攻，从苏捷斯卡河以东乌切沃地区突围，胜利转移。两块崩裂的峥嵘巨石分列左右，中间有狭窄的通道，象征突围的艰辛和险恶，通道两侧刻有战争画面的浅浮雕，碑后有水泥台阶，刻着参战部队的番号，前面山脚下是安息着3201名苏捷斯卡战士的烈士墓；还有一座纪念馆收藏着文物并刻有6000多名牺牲者的名字（图3-57）。

图3-57　苏捷斯卡战役纪念碑

登陆硫磺岛　青铜　高6m　作者：弗利克斯·德沃尔登

这件雕塑群像建在美国首都华盛顿，作品的创作灵感来源于美国海军陆战队登陆硫磺岛的一张照片。雕塑家以高度写实的表现手法，再现了当年战争的场景（图

图3-58　登陆硫磺岛

3-58）。雕像共计使用100多吨铜，铜的青绿俨然与海军绿有异曲同工之妙；而选用与硫磺岛黑色火山灰相似的黑色瑞典花岗岩作为雕像基座，也显现出设计者的独具匠心。这件作品现已成为美国国家纪念碑。纪念碑碑座上铭刻着"伟大出自平凡"和美国投入过的历次战争的名称。

卓娅墓碑雕像　铜

这件雕塑设置在莫斯科新圣母公墓，是为纪念第二次世界大战中被德国法西斯杀害的前苏联著名女游击战士卓娅而创作的。作品刻画了烈士被杀害的瞬间，

图3-59　卓娅墓碑雕像

安详的面容、即将倒下的身躯表现了卓娅的美丽与善良，衬托出法西斯的残忍（图3-59）。墓碑雕像成为人们怀念英雄的寄托，作品经常被瞻仰的青少年系上红领巾。

阵亡者纪念碑　青铜　高1.68m　宽2.23m　设计：阿里斯蒂德·马约尔

这是一件非常特殊的纪念碑，作者用庄重的女性雕

图3-60　阵亡者纪念碑

像寄托了对阵亡将士的无限哀思（图3-60）。

萨拉斯比尔斯集中营纪念像　混凝土　1967年　设计：布考夫斯基、扎林、斯卡拉因尼斯

这件作品设置在拉脱维亚共和国首都里加市。在曾有十多万人被害的集中营旧址建起群像，混凝土粗犷、朴实的质感，正符合作品主题的需要（图3-61）。

图3-61　萨拉斯比尔斯集中营纪念像

乌克兰卫国战争纪念雕塑　作者：叶·符切基奇等

乌克兰卫国战争纪念雕塑是前苏联最后一件以雕塑为主体的大型综合体，也是结合自然环境艺术处理得最成功的一件作品。这些雕塑被合理地安置在综合体的不同方位（图3-62）。

海军纪念碑　铸铜　华盛顿　作者：加特森·鲍格勒姆

这件作品是一件全新概念的纪念碑，作者没有采用传统的高高在上的被仰视的形象塑造海军战士，相反采用

图3-62　乌克兰卫国战争纪念雕塑

了允许观众参与的综合体的形式，使纪念碑不再是仅供观赏的作品。作品由一个孤寂的带着行李袋站在码头的士兵（图3-63）、他前方的旗杆、地面的罗盘、世界地图、矮墙上的海军浮雕、陈列馆、电影厅等组成，形成一个兼备休憩、教育、审美等多功能的公共雕塑群。

图3-63 海军纪念碑（局部）

3.2.3 主题性雕塑

主题性雕塑主要反映历史和时代的潮流、人民的理想和愿望，它们往往以形象的语言，用象征和寓意的手法揭示出某个特定环境和建筑物的主题。它们也有很丰富的思想内涵、比较大的体量，也需要在所处的空间环境中占据显要的甚至主导的位置，发挥统率和聚焦的作用。

这种在室外布置雕塑的方法与一般城市雕塑所要求的原则不同。它是把各类雕塑作品如同展览陈设那样布置起来，让公众集中观赏多种多样的优秀雕塑作品。也有的是把一位作者的多件作品，围绕一个专题，经严格的总体设计布置构成。主题性雕塑顾名思义，它是对某个特定地点、环境或建筑的主题说明，它必须与这些环境有机地结合起来，并点明主题，甚至升华主题，使观众明显地感受到这一环境的特性。它可具有纪念、教育、美化、说明等意义。主题性雕塑揭示了城市建筑和建筑环境的主题。在敦煌市有一座主题性雕塑《反弹琵琶》，取材于敦煌壁画反弹琵琶伎乐飞天像，展示了古时"丝绸之路"特有的风采和神韵，也显示了该城市拥有世界闻名的莫高窟名胜的特色。这一类雕塑紧扣城市的环境和历史，可以看到一座城市的历史、精神、个性和追求。

3.2.3.1 我国主题性雕塑个案解析

人民英雄纪念碑基座浮雕——虎门销烟　花岗岩　设计：曾竹韶

为了纪念百年来为中国的自由解放而献身的先烈们，由毛泽东奠基，在北京市天安门广场建设了人民英

图3-64　虎门销烟（局部一）

图3-65　虎门销烟（局部二）

雄纪念碑，它是新中国成立后第一座重要的纪念性作品。纪念碑的基座浮雕撷取了百年来重大历史事件，以严格写实、深入细致的雕刻手法记录了百年大事。这两件浮雕局部雕刻的是林则徐虎门硝烟的历史事件（图3-64、图3-65）。

庆丰收　混凝土　高8m　1959年　设计：曲乃述、王熙民、李仁章、杨美应

《庆丰收》是置于北京农业展览馆前的对称的两组雕塑。富有建筑感的整体造型，高昂的时代激情，民族化的艺术处理，饱满的形体结构，与环境情调的呼应协调，是这两组大型群像的持久生命力的原因所在（图3-66、图3-67）。

走向世界　青铜　高2.30m　设计：田金铎

健步竞走的女运动员，将两个瞬间的动作综合为一体，更充分地展示了姿态的矫健。形体的处理整体概

图3-66　庆丰收（一）

图3-67　庆丰收（二）

括，使艺术风格更为简洁、明快，寓意着20世纪80年代开放了的中国正大步迈向新的世纪，作品有很强的时代感（图3-68）。这件作品现设置于瑞士洛桑国际奥委会总部。

女娲补天　花岗岩　高4m　作者：田金铎

这件作品设置在抚顺市将军桥头，与另外三件作品共同构成横跨浑河的将军桥头雕塑群。作品以中国神话为题材，反映了人与自然的相互关系，属于象征性的作品。考虑到石材的特征，构图保持了团块状，强调了作品的力度（图3-69）。

图3-68　走向世界

图3-69　女娲补天

母与子　铜

从这件作品所反映的主题不难看出，作者在着力刻画母子三人行进过程中各自流露出的瞬间表情与动作。尽管主人公的少数民族农民打扮与都市的喧嚣形成强烈的对比，但却给纷乱的环境带来一缕清风（图3-70）。

3.2.3.2 国外主题性雕塑个案解析

命运三女神　高浮雕局部　公元前5世纪　发现地：雅典卫城

希腊古典时期的雕刻家群星灿烂，最伟大的首推菲迪亚斯。其毕生最重要的成就是巴特农神殿的雕刻。主浮雕作品《命运三女神》堪称传世之作，

图3-70　母与子

其流畅、生动的衣纹显示了作者深厚的写实功力（图3-71）。原作现存于伦敦大英博物馆。

图3-71　命运三女神

掷铁饼者　作者：米隆

米隆是希腊古典时期的雕刻家，代表作品《掷铁饼

图3-72 掷铁饼者

图3-74 拉奥孔群像

者》解决了人体重量落在一只脚上的重心问题，改变了雕刻中直立的程式化（图3-72）。

米洛的阿芙罗蒂德（又名《维纳斯像》）希腊 作者：亚历山德罗斯

1820年，在希腊本土和克里特岛之间的一个被称为米洛岛的山洞里，发现了一尊迄今为止希腊女雕像中最美的雕像——阿芙罗蒂德大理石雕像。她的庄重与妩媚共存的表情，加之失去双臂仍感觉完好无损的奇特结构至今令人称奇（图3-73）。另外，雕像自身多处5∶8的比例，成为黄金分割最理想的范本。法国获此像时，全国沸腾，人们为此流下兴奋的热泪。作品现珍藏于卢浮宫，被奉为镇馆之宝。

拉奥孔群像 希腊 作者：阿基桑德罗斯

16世纪时，该雕像在罗德岛被发现。作品表现的是希腊神话中的故事，特洛伊的祭司拉奥孔因为警告特洛伊人要识别希腊人的木马记而触怒了雅典娜，连同两个儿子被两条巨蛇活活地缠死。戏剧性的冲突、人物痛苦的表情、人体的扭动等被雕刻得非常精彩（图3-74）。现藏于罗马梵蒂冈美术馆。

阿波罗与达芙涅 大理石 作者：乔·贝尼尼

建筑家、雕塑家乔·贝尼尼是17世纪巴洛克艺术最出色的代表。巴洛克艺术的主要特点是：无论建筑、绘画都强调运动感、空间感、豪华感，有时还带有神秘感，以热情奔放、装饰华丽而自成一体，与文艺复兴艺

← 图3-73 米洛的阿芙罗蒂德

图3-76 马赛曲

马赛曲 花岗岩 高12.70m 1833～1836年
设计：吕德

《马赛曲》设计在巴黎凯旋门上。凯旋门上层由吕德设计四块巨型浮雕，内容分别是《出发》、《退却》、《防卫》、《和平》。但却未被全部采用，只选了一件。富有个性的战士们被自由女神鼓舞着奋勇前进，充满浪漫主义的激情，成为整个时代的英雄纪念碑以及法兰西民族的化身（图3-76）。

舞蹈 石刻 高 4.64m 1865～1869年 作者：卡尔波

《舞蹈》是卡尔波受其同学——建筑师夏尔·卡尼埃的委托，为新建的巴黎歌剧院正门创作的一座装饰雕刻。作品自由流畅的结构、急速而有节奏的旋律洋溢着青春的活力，如同一首优美欢快的圆舞曲（图3-77）。可是，当作品完成后，也曾受到攻击和诽谤，被认为有伤风化。

图3-77 舞蹈

图3-75 阿波罗与达芙涅

术的庄重、典雅相区别。贝尼尼的代表作品是《阿波罗与达芙涅》及科尔内洛礼拜堂的祭坛雕塑。他的雕塑强调情绪表现，具有强烈的动势和轻快而不安的感觉，造型光洁、精致，具有贵族气息。把冰冷的大理石表现得如同有温度的肌肤、柔滑的绸缎子、轻盈的薄纱，可谓巧夺天工（图3-75）。

吻　大理石　作者：罗丹

《吻》是表现男女爱情的不朽之作，坦率真挚、感情热烈、造型动人，体现了罗丹的浪漫气质（图3-78）。

思想者　青铜　作者：罗丹

罗丹是19世纪法国著名的雕塑家。他的作品不仅在艺术精神上继承了雕塑的传统内涵，而且还发展了雕塑的新观念和新形式。特别是在对雕塑深入表现人的精神世界与思想内涵，刻画人物形象的内在品格与个性特征方面，具有里程碑的作用。罗丹的一系列雕塑无论在规模上还是质量上，都可与以前的大师相媲美，并且是架构西方古典雕塑与现代雕塑之间的桥

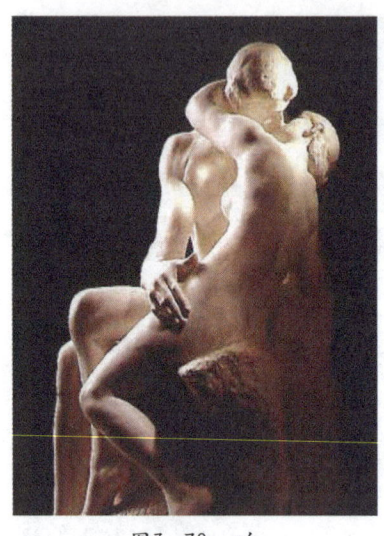

图3-78　吻

梁。罗丹一生艰苦创作，呕心沥血，作品数量惊人，丰富了世界雕塑艺术宝库。这件《思想者》是一件仿制品，放置在中央美术学院图书馆门前广场。我们能够看出环境的设计者是在考虑了《思想者》的主题性特征后才选择了它，并放置在这里，得到观众的认可与赞许。我们从中也能得出这样的结论：一件优秀的雕塑作品，适合它的环境不仅有一个或两个，它可能适用于一类环境，因为作品所反映的主题决定了作品与环境的关系（图3-79）。

地中海　铸铜　作者：马约尔　纽约现代美术馆

作品原为石雕，初称《树荫下的花园》，后改称《思维》和《拉丁思想》，最后铸成铜像并改称《地中海》。作品以丰满的女性形体象征地中海丰腴的土地和悠久的文明，带有浓厚的哲理意味（图3-80）。

图3-79　思想者

图3-80　地中海

三女神　青铜　作者：马约尔

四十岁才开始雕塑创作的马约尔被称为现代雕塑的先驱者之一。他以女性人体为题材，其作品饱满的体积感和形体处理尤其适合于室外。温馨、恬静、优雅的情调贯穿于他的作品，与罗丹具有生命活力的激情形成对比（图3-81）。

图3-81　三女神

被毁灭的城市　青铜　高6.50m　鹿特丹　作者：欧西普·扎特金

欧西普·扎特金为使人们永志不忘"第二次世界大战中德国法西斯对城市的毁灭性破坏，作者采用了立体主义的手法设计了这个变形夸张的人物，他体块扭曲组合，举手向天呼喊，胸部被挖出空洞，更增添了悲惨的气氛（图3-82）。作者说："这是对野兽般的非人道行为充满憎恨的呐喊。"

图3-82　被毁灭的城市

女头像　混凝土　作者：毕加索

这是毕加索的立体主义作品。雕塑是应华裔建筑师贝聿铭特约，为纽约大学宿舍创作的。毕加索有多件城市雕塑作品，都是在水泥板上加以色彩绘画，从两面看具有不同的形象。美国雕塑家戴维·史密斯经常强调说"现代雕塑是由画家创造的"，毕加索的立体主义雕塑，便是把绘画风格引入雕塑艺术中的优秀范例。他的室外雕塑更是惯用绘画的方式在青铜或水泥表面涂上颜色，犹如一幅立体画，绚丽多彩，极为壮观。这种雕塑不是绘画的变形，也不是绘画的延长，它是雕塑绘画性方式的体现。这种雕塑的形体与富有生气的绘画色彩的结合，转变了它们自身的价值，从而成为理想的造型和独特的视觉表现极致（图3-83）。

图3-83　女头像

女人与猎犬　钢　高15m　作者：毕加索

1965年，毕加索向芝加哥市免费赠送一件高约1m的雕塑小稿，后耗资30万美元，制成了这尊重160吨的作品，现立于芝加哥市政中心广场。这是毕加索把自己的爱人杰奎琳与心爱的阿富汗猎犬的形象结合而成的（图3-84）。

群跑之趣　着色钢　长90m　设计：大卫·高维达

图3-84　女人与猎犬

这组作品是由40件等人大小的人体组成，作者用钢板勾勒出人在奔跑中的正面和侧面的轮廓，组成壮观的长跑队伍，出现在河边的公园里。从雕塑与周边的环境关系来看，雕塑的色彩和体量以及形成的动感组合，与绿树掩映的公园环境对比非常强烈，但却充满了情趣，使幽静的公园生机勃勃（图3-85）。

图3-85 群跑之趣

蘑菇之舞 合成材料 设计：杜布菲、休斯顿

这件作品在构成上遍体都是让人眼花缭乱的不规则曲线。作品安放在简洁的、几何形的现代建筑空间中，别有一番情趣（图3-86）。

图3-86 蘑菇之舞

洛杉矶重建 高12m 作者：埃里克·奥尔

这件作品置于洛杉矶商业区三和银行广场。柱碑有水沿柱身流下，柱身凹槽有煤气口，每隔半小时向上喷出持续三分钟的火焰。夜间，隐藏在柱子底部的氙气灯打出300m长的光束。作品以水、火和光束隐喻此处曾发生过的火灾与今日的重建（图3-87）。1992年被评为洛杉矶市最佳雕塑。

图3-87 洛杉矶重建

灯光漂浮雕塑 金属、树脂、电灯、电脑 设计：艾里克·斯达勒

这件作品置于纽约哈德逊河，作品借助了多种媒介展示雕塑，在夜间形成神秘的意境（图3-88）。

玫瑰 日本六本木森 作者：爱莎根泽肯 德国

把小的物体放大是公共艺术作品常用的设计手法，德国女雕塑家爱莎根泽肯将这件户外作品用写实、放大的手法制作成一枝巨大的玫瑰花，似乎与作品所在的环境有某种特定的意义，在公共空间中令人过目不忘（图3-89）。

3-88 灯光漂浮雕塑

经济头脑　青铜　设计：泰利·柯伦、菲文·列维

又名《公司之头》，置于洛杉矶花旗广场。这件颇有幽默感的作品寓意一心上进的经理的头已被公司吞没（图3-90）。据美国《市中心新闻》调查，它在1993年被读者公认为最佳公共艺术作品。

彩绘乳牛　玻璃钢油彩　美国芝加哥

1999年，美国芝加哥文化局受到苏黎世奶牛大游行的启发，推出了自己极富特色的文化创意产业活动，其规模远远大于苏黎世。在当地政府部门的积极推动下，活动成为艺术家、企业赞助者和社会大众的中介与平台，引起了广泛的社会关注。文化局向当地的艺术家发出邀请并得到了积极的回应，然后立即联系企业认养捐助乳牛，每头乳牛的价格从2500美元至11000美元不等，乳牛原型提供给艺术家进行自由创作。经过绘制的乳牛摆放在街道，形成当地一道亮丽的风景线（图3-91）。当地媒体紧跟报道，广大民众积极参与互动，展览后精选143件进行拍卖，拍卖所得捐助给指定的公益团体，剩余作品继续巡展。此活动大约带来了2亿美元的经济效益。这件作品是公共艺术作品提升经济活力的成功案例。

图3-89　玫瑰

图3-90　经济头脑

图3-91　彩绘乳牛之一

3.2.4 观赏性、装饰性、趣味性的雕塑

城市公共雕塑作品中占了大多数的是装饰性的作品。这类作品并不刻意追求特定的主题和内容，表现内容宽泛，创作手法轻松、活泼，作品风格自由多样，主要是发挥作品装饰和美化环境的作用。因此，装饰性的城市雕塑的尺度可大可小，大部分都从属于环境和建筑，成为整体环境中的点缀和亮点。

观赏性、装饰性、趣味性的雕塑作品如果能巧妙地设计、应用于城市不同的环境中，不仅能给市民带来愉快的心情，而且这些妙趣横生的雕塑设计能巧妙地和环境融为一体，给观众带来无穷的遐想，同时也让雕塑所处的环境充满了新的、富有情趣的文化气息。在城市旅游开发中，情趣雕塑设计应用广泛，往往给旅游环境增添了靓丽的色彩。

四个拱穹　着色钢　高20m　作者：亚历山大·考尔德

这件作品位于洛杉矶庞克山庄太平洋保全大楼前。用四条巨大的长弧形红色钢板铆接而成，形似火烈鸟。在考尔德的多件类似作品中，这是使人联想到动物的唯一作品。鲜艳的色彩和不规矩的拱形为生硬的深色建筑

环境注入了生机（图3-92），无怪乎这件耗资25万美元的作品受到民众的热烈欢迎。人们从中任意穿行，艺术与公众更为贴近。

图3-92 四个拱穹

流泪的天使　大理石　设计：弗朗西斯·阿克西夫、克劳特·雷兰尼

这件作品置于日本箱根雕塑公园。脸庞用白色大理石做成，眼泪和被泪水弄湿的半张脸则利用了大理石中微红的俏色，鬼斧神工，浑然天成。作者又利用红花、绿叶，裁剪成少女的头发与头饰，创造出一个充满自然趣味、忧伤的女孩子形象。柔性的绿叶与坚硬的石材组合，构成了极有趣味的形象（图3-93）。

图3-93 流泪的天使

大拇指　铜　高12m　作者：凯撒

图3-94 大拇指

《大拇指》竖立在巴黎拉德芳斯广场，独特的构思使这个高度写实的大拇指显示了力争第一的气概。设计中以具体的物品形象直接点题比喻，以引发联想、想象，含义深刻，魅力感人（图3-94）。

空相　花岗岩、不锈钢　设计：关根伸夫

只有充分发挥了材质的特点，才能创造出巨石漂浮的虚幻情景。不规则和规则，粗砺和光洁，极强的反差带来了审美的情趣（图3-95）。作品设置在日本箱根雕塑公园。

图3-95 空相

市区摇椅　金属涂漆　设计：劳埃德·汉姆洛尔

这件作品设计在洛杉矶当代艺术博物馆附近。也许是当地人见过太多环保类作品，希望有更新鲜的表现形式，这种幽默类型的作品便开始出现了（图3-96）。事实上，高速公路的飞车的确有摇椅的飘然，可是一旦"飞出"摇椅，故事也就不再幽默了。本来以速度为重

图3-96　市区摇椅

点的汽车和大型城市路网，却成为堵车和污染之源，成为城市的藩篱。这难道不是莫大的讽刺吗？

分界面　铜　高2.10m　设计：菲利普·列凡

用写实的女性人体形象，故意夸张地拉长了腿部，使作品产生了不同的情趣（图3-97）。

图3-97　分界面

雨中人　铜

几个人物仿佛是冒着雨从地下王国走出来，突然出现在人群里，有神秘的意味（图3-98）。

图3-98　雨中人

抱拳拱手　青铜

在香港的弥敦道街头，一对拱手的巨大双手立在人行道上，让人自然想到礼节、礼数、恭谦、感谢等人与人交流的方式，令人过目不忘（图3-99）。

公共艺术塔　玻璃钢、漆　设计：琼·杜布贾特

这件作品设计在法国巴黎塞纳河边中洲公园内，是20世纪法国现代美术代表性艺术家琼·杜布贾特的作品。运用色彩对自然进行描绘在绘画中已很常见，而在公共艺术中对色彩的表现和运用同样重要。上色的公共艺术体现了人们在视觉上追求视觉真实的同时，也力求通过形态和色彩来传达各自不同的艺术观点。这件抽象的艺术雕塑充分运用了装饰意味的色彩，增加了作品对人们心灵的震撼，并提出对生活的思考（图3-100）。

图3-99　抱拳拱手

图3-100　公共艺术塔

街头雕塑　玻璃钢涂色　乔治·西格尔

作品置于芝加哥街头。作者致力于从真人身上翻铸、创造出芸芸众生的诸多人物肖像，并且把这些作品置于日常生活的环境中，试图以此描绘出下层群众的生活场景。特别的是，大部分作品保持白色，看上去有幽灵一般的气氛（图3-101）。

椅子

这是一件置于日本街头的公共艺术作品，它颠覆

图3—101 街头雕塑

图3—102 椅子

了椅子的固有模式，形成艺术品兼有实用功能的双重特性。同时，作品的趣味性、装饰性更增加了自身的魅力（图3-102）。

下象棋　木质涂漆

夸大了的真实的象棋成为公共艺术作品，放置在奥地利沙尔兹堡街头，既可观赏，还可以由市民亲自搬动并进行比赛。公共艺术品真正意义上与市民产生了互动（图3-103）。

金水口　木质　李林

这件树立在澳洲街头的作品看似一棵枯树，但却是一件以金、木、水、火、土为材料及滴着象征金矿水形象构成的公共艺术作品，作者以此怀念早年移民澳洲的华工（图3-104）。

图3-104　金水口

对话　石刻　高6m

这件作品放置在汉城雕塑公园，采用了两个设计方法：切割和错位，使作品有了新的意味（图3-105）。

图3—105　对话

海洋生物　石雕　设计：奥斯陆　挪威

有着特殊色彩与造型曲线的石雕海洋生物，在坚硬的直线建筑空间中富有情趣（图3-106）。

图3—103　下象棋

图3—106　海洋生物

母与子　铸铜

同样是母子亲情的雕塑，造型的特征与追求不同，作品透露出的感受也不同。但二者充满情趣的艺术形式却是一样的（图3-107）。

图3-107　母与子

残缺的脸　铜

像诗歌中的描写，残缺的面庞令人遐想，充满情趣与神秘。夸张、异样的雕塑造型除了带给观众新的视觉体验，更重要的是它让稳重、典雅的建筑空间有了新的意义（图3-108）。

图3-108　残缺的脸

街头放大了的棋子　金属

利用斑马线的延伸形成一块特殊的展示区域，夸张了的棋子在路边极有情趣且极其自然（图3-109）。

现代兵马俑　金属

古老形象被想象成新的形式，有情趣且让人会心一笑（图3-110）。

图3-109　街头放大了的棋子

图3-110　现代兵马俑

歌手　铜

概括、夸张、憨态可掬的人物造型与环境共同构成一幅有趣的艺术氛围（图3-111）。

图3-111　歌手

乐手　金属涂色

夸张、放大乐器是公共雕塑设计常用的手法，这件作品在放大乐器的基础上设计了与放大乐器共同构成的乐手，增加了作品的生动性与情趣。同时，色彩的运用也是这件作品的独到之处（图3-112）。

图3-112　乐手

3.2.5　园林中的雕塑

宁芙　石雕　1547年　简·古戎

这件作品是巴黎无邪广场喷水池壁面装饰浮雕。作品围绕着水的主题，女神们的优雅身姿创造了洋溢青春气息的世界（图3-113）。

四河喷泉之恒河（局部）　乔·贝尼尼

《四河喷泉》是贝尼尼为罗马篷·腓力教皇的宫殿设计的喷水池。"四河"指人类征服的四条大河：多瑙河、恒河、尼罗河、里约·德·拉·普拉达河，同时这四条河流又代表了人类文明的四块大陆。多瑙河表示欧洲，恒河表示亚洲，尼罗河表示非洲，里约·德·拉·普拉达河表示美洲。

图3-114　四河喷泉之恒河部分（局部）

贝尼尼用四个大理石人体雕像象征四条河流，中间是假山和一个埃及式的方形花岗岩尖塔，寓意着天主教在全世界的胜利（图3-114）。

凡尔赛宫园林水池雕塑　金属

写实雕像与水景结合，非常适合设计在园林中。凡尔赛宫原是一个小村落，是路易十三于1624年在凡尔赛树林中建造的狩猎宫。1661年，路易十四把它改造成一座豪华的王宫。凡尔赛宫于1689年全部竣工，至今已有300多年历史。园中水景中的大理石人物雕像造型优美，栩栩如生（图3-115）。

图3-113　宁芙

图3-115　凡尔赛宫园林水池雕塑

铜牛

这件作品设计在北京颐和园十七孔桥桥头，制作于17世纪的清代。中国古代有牛能镇水的传说，所以常在湖边河畔布置牛的雕塑。这件铜牛的背上还刻有铭文

（图3-116）。

国王与王后　铜　高1.63m　亨利·摩尔

《国王与王后》是摩尔的名作之一。此作品是雕塑家在摆弄一个蜡块时偶发灵感而创作的，它具有王者的气派，有一种自信的安然。作品似乎受到古埃及雕像的影响，完成后放置在摩尔朋友苏格兰的花园里。"国王"与"王后"向英格兰方向眺望，苍凉动人（图3-117）。

图3-116　铜牛

图3-117　国王与王后

两段斜卧的人体　青铜　亨利·摩尔

把人体夸张变形，裂开、切割，重新组合，是亨利·摩尔多次运用的表现形式。这件作品似石，似骨，充斥着自然的张力（图3-118）。

图3-118　两段斜卧的人体

七星瓢虫　树脂材料与彩绘

夸张、重复的瓢虫造型不规则地分布在绿色的草地上，形成一道独特的风景（图3-119）。

图3-119　七星瓢虫

眼镜　金属

夸张、概括的雕塑设计方式是公共艺术设计中常用的方法之一。这件作品没有简单地复制一副眼镜，从镜框中的阴阳鱼、云纹以及不锈钢片能看出作者在作品中隐含着一定的寓意，引人深思（图3-120）。

图3-120　眼镜

五洲情　不锈钢、着色钢　高6.50m　1992年　设计：陈绳正

这件作品置于沈阳市体育中心，以抽象的五色人形寓意五大洲携手的奥运情

图3-121　五洲情

结（图3-121）。

饶舌者　合成材料　高约2.80m　杜布菲

作品用奇异材料制成奇异的形体，然后用色彩勾出夸张的形象，似乎是幻想王国中的形象（图3-122）。

图3-122　饶舌者

球体主题　钢材

轻快的钢片舞动扭曲，有很好的节奏感。作品放置在日本箱根雕塑公园（图3-123）。

图3-123　球体主题

活动雕塑　不锈钢

这件作品置于日本箱根雕塑公园，四个圈圈不停地旋转，好似袅袅升起的烟圈，带来许多趣味，给宁静的空间注入了一丝活力（图3-124）。

图3-124　活动雕塑

觉醒　金属

这件作品是美国独立战争纪念碑，象征着原十三州人民的觉醒。作品放置在华盛顿波托马克河畔的干草地上，似一位老人正挣扎着破土而出，分割的作品给人想象的空间，这也是公共艺术设计中常用的表现方法之一（图3-125）。

图3-125　觉醒

金属形态　着色钢　4m×10m　设计：艾特盖尔·尼格列（哥伦比亚）

作品设计在汉城雕塑公园，在一片绿地中就像绽开的红花。雕塑成为自然界中的一员（图3-126）。

图3-126　金属形态

河流　金属铅　作者：马约尔

马约尔是一位善于刻画女性美的艺术家，《河流》是他用女性人体来比喻大自然的系列雕塑作品之一。这件马约尔晚年的作品，同他以往的作品一样，也是通过一个丰满、健壮、线条圆润的女性人体来表现主题。这件雕塑放置在户外，人们在欣赏它的时候，可以最大限度地将雕塑融于自然之中，并充分展开联想，挖掘出作品更深层次的美。《河流》还有两个姐妹篇：《山岳》和《大气》，它们构成了"自然三部曲"，堪称是马约尔的象征主义代表作（图3-127）。

图3-127　河流

抽象钢构雕塑

这是一件形式主义的抽象雕塑，置于德国汉诺威市议会公园。作品的含义与议会无关，但作品本身的形式感却与背景的罗马式建筑形成强烈的视觉对比。造型简洁的钢结构作品在繁琐的曲线环境中显得刚硬、坚实，作品的色彩与背景建筑的屋顶遥相呼应，形成变化中的和谐（图3-128）。

图3-128　抽象钢构雕塑

大湖水暖鸭先知　塑钢　设计：洪易

这是台北市2002年公共艺术节的作品，雕塑家将塑钢做成的50只"鸭子"交给观众涂色，充分发挥了公共艺术与大众互动的特点（图3-129）。

图3-129　大湖水暖鸭先知

3.2.6　建筑化雕塑

在艺术世界中，建筑绝不是无足轻重的一员。高大建筑矗立在城市和乡村中，使人每天都看到它，这是一种不可拒绝的艺术。尤其值得一提的是，不少博物馆、艺术馆建筑本身就是杰出的艺术品，具有雕塑的美学价值，成为城市重要的环境艺术。

建筑与雕塑好似一对孪生兄弟，因为建筑艺术与雕塑艺术都引导人们用视觉与身心欣赏、体会形态与空间，只是他们在功能上各有侧重。英国学者彼得·柯林斯认为："我们从过去40年中所目睹的变化，并非由于雕塑从建筑中消失，而是由于建筑已经变成了抽象雕塑的一种形式的事实。"在传统建筑环境中的雕塑艺术，往往作为装饰附着在建筑表面，以烘托环境气氛，点缀建筑环境。而新建筑的形式，改变了雕塑的存在形式，使之融入整体环境，成为结构化的新形态建筑，不再是一个孤立的空间环境，它成为融诸种艺术形式于一体的综合艺术空间。雕塑则成为这个环境中有机的组成部分而不可分割，有时甚至难以区分建筑与雕塑的具体差别。如我国威海的甲午海战纪念馆，北京的钟楼、鼓楼、大前门、天安门等都可以称得上是雕塑化的建筑。由此可见现代建筑与雕塑之间的有机结合，雕塑语言已经成为建筑构造中最直接的表达手段。

20世纪中叶以来，出现了一些雕塑性的建筑。如好似片片白帆的悉尼歌剧院、宛如开放的莲花的印度巴赫伊莲花教堂、放大一万倍的铁分子模型的比利时布鲁塞尔国际博览会原子球餐厅、欧美街头常见的设计成花车的小卖部和书亭等，都可以说是这类雕塑建筑的延伸和发展。

3.2.6.1 我国建筑化雕塑个案解析

天安门

天安门在中国的明朝、清朝两代是皇城的正门。天安门始建于明永乐十五年（1417年），原名"承天门"，取"承天启运"、"受命于天"之意。当时天安门是一座黄瓦飞檐、三层楼的五洞牌坊，朱漆金钉，光彩夺目。一条笔直的中心御道，穿过端门，直通皇宫正门的午门。御道两侧，按左宗庙、右社稷的传统建制排建。御道两侧增筑红墙，一直延伸到天安门外，与两道千步廊相连，成为一个封闭状态的宫廷广场。广场外围，左为文官官署，右为武官官署，充分显示了中央集权的浩浩声势。清顺治八年（1651年），改建为"天安门"，取"受命于天"、"安邦治民"之意。天安门城楼面前是封闭状态的宫廷广场，文武百官到此下马，庶民百姓不得入内，探头一看，即犯"私窥宫门"的重罪，格杀无赦。

明、清五百年间，国家有大庆典时在天安门举行"颁诏"仪式。这是新帝登基、皇后册封而颁诏天下的地方，是皇帝金殿传胪、招贤取士的场所，也是皇帝出征、赴太庙祭祖的必经之路；对老百姓来说，则是拒人千里之外的禁区。天安门是人间的琼楼玉宇，集古代建筑艺术之大成，又是封建等级制的形象体现。

1911年辛亥革命以后，宫廷广场两侧紧闭的大门自然而倒，东西长安街变成交通畅行的要道。自此以后，载入中国革命史册的"五四运动"、"一二·九运动"、开国大典、"四五运动"等重大历史事件，都以此为舞台。

中华人民共和国成立后，天安门城楼前新扩建的天安门广场成了世界上最大的人民广场，成为中华人民共和国举行重大庆典和集会的场所，历次国庆阅兵仪式均是在此由国家领导人检阅仪仗队和游行队伍。1961年，天安门城楼被定为第一批全国重点文物保护单位。在历次修缮中，政府又重建了城楼上的木建筑、加厚城墙，才成了现在的样子（图3-130）。

图3-130　天安门

宏村南湖桥

宏村村落占地30公顷，枕雷岗面南湖，山水明秀，享有"中国画里的乡村"之美称。山因水青，水因山活，古宏村人为防火灌田，独运匠心开仿生学之先河，建造出堪称"中国一绝"的人工水系，湖光山色与层楼叠院和谐共处，自然景观与人文内涵交相辉映，是宏村

图3-131　宏村南湖桥

区别于其他民居建筑布局的特色,成为当今世界历史文化遗产一大奇迹。宏村,经过前代人的辛勤劳作和后代人合理保护,现已得到世人的公认。宏村南湖桥连接南湖两岸,既有实用功能,又是宏村的标志之一,成为与观众亲近的公共艺术作品(图3-131)。

北京钟鼓楼

鼓楼(图3-132)位于北京东城区地安门外大街北端。明永乐十八年(1420年)始建。鼓楼是一座单体木结构古建筑,共两层,整体建筑坐落在高约3m的砖石结构台基上。砖石楼体的鼓楼通高47.9m,共两层,下部

图3-132 北京鼓楼

为砖石台座,底楼四面各有一座拱门,有石阶可达二层楼。二楼四面亦各有一座拱门,门左右各有一石雕窗。鼓楼通高46.7m,三重檐,歇山顶上覆灰筒瓦绿琉璃剪边,是一座以木结构为主的古代建筑。

钟楼(图3-133)位于北京东城区地安门外大街,在鼓楼北,是老北京中轴线的北端点。原址为元大都大天寿万宁寺之中心阁。明永乐十八年(1420年)建,后毁于火。清乾隆十年(1745年)重建,十二年竣工。其楼身为正方形平面,重檐歇山顶,无梁式砖石建筑。屋顶为黑琉璃瓦绿剪边,正脊两端安脊兽,两层屋檐的岔脊上均安以狮子为首的五跑小兽。上层檐下施重昂五踩斗拱,下层檐下施单翘单昂五踩斗拱。楼身四立面相同,当心开一拱券门,左右对称开券窗,窗上安设石刻仿木菱花窗。内部结构采用复合式拱券,除主体拱券之外,还于围护墙体中设有环路通道。基座为汉白玉须弥座,周围环以汉白玉栏杆。楼身之下为砖砌城台,城台上四面有城垛。台身四面开券门,内部呈十字券结构,东北隅开门,内有石阶七十五级供登临。

钟鼓楼作为元、明、清三代的报时中心,鼓楼置鼓,鼓楼悬钟"晨钟暮鼓"循律韵通。昔日文武百官上朝,百姓生息劳作均以此为度。清朝的衰亡,使钟鼓楼逐渐失去了为古都报时的功能,击鼓定更、撞钟报时的方法,于1924年清朝最后一个皇帝溥仪离开紫禁城彻底废止。

如今,这两座古建筑如同艺术作品伫立在现代的都市之中。

上海博物馆

作为上海的标志性建筑,上海博物馆的外形似一个巨大的青铜大鼎,有多重的象征含义。上海博物馆新馆于1993年8月开工,1996年10月12日全面建成开放。上海博物馆建筑总面积39200㎡,建筑高度29.5m,象征"天圆地方"的圆顶方体基座构成了新馆不同凡响的视

图3-133 北京钟楼

图3-134 上海博物馆

觉效果，整个建筑把传统文化和时代精神巧妙地融为一体，在世界博物馆之林独树一帜（图3-134）。

甲午海战纪念馆

坐落于山东省威海市刘公岛码头东200m，是一处以建筑、雕塑、绘画、影视等综合艺术手段展示甲午海战悲壮历史的大型纪念馆。该馆气势宏大，外型犹如几艘互相撞击穿插的船体，坐落在当年旗舰定远号搁浅的地方，悬浮于海上。18m高的主体建筑上塑造了一尊15m高的北洋海军将领像，巨型人物雕塑与建筑结合，为国内罕见（图3-135）。

图3-135　甲午海战纪念馆

东方明珠塔

位于上海浦东，1991年7月30日动工，1994年10月1日建成。塔高468m，与外滩的"万国建筑博览群"隔江相望，建设完成时，列亚洲第一、世界第三高塔。现为亚洲第二、世界第四高塔（图3-136）。

国家大剧院

由法国建筑师保罗·安德鲁主持设计，设计方为法国巴黎机场公司。国家大剧院的屋面呈半椭圆形，由具有柔和色调和光泽的钛金属覆盖，前后两侧有两个类似三角形的玻璃幕墙切面，整个建筑漂浮于人造水面之

图3-137　国家大剧院

上，行人需从一条80m长的水下通道进入演出大厅。大剧院造型新颖前卫，构思独特，是传统与现代、浪漫与现实的结合。庞大的椭圆外形在长安街上显得像个"天外来客"，与周遭环境的冲突令它十分抢眼。这座"城市中的剧院、剧院中的城市"以一颗献给新世纪的超越想象的"湖中明珠"的奇异姿态出现（图3-137）。

3.2.6.2 国外建筑化雕塑个案解析

埃及金字塔

金字塔（图3-138）位于埃及首都开罗西南面金黄色的沙漠中。因为它的外形像中国的汉字"金"，所以就叫它金字塔。古埃及法老自称是神的化身，他们的陵墓——金字塔是权力的象征。时至今日，金字塔已成为埃及的标志性公共艺术作品，它将建筑功能与艺术功能结合为一体。

图3-136　东方明珠塔

第3章 公共空间中的雕塑设计

图3-138 埃及金字塔

卡纳克阿蒙——拉神库石柱厅

这组巨大的雕塑般的石柱位于埃及古都底比斯城最大的神庙内。在神庙大厅密集地排列着134根石质的大柱子,因此叫石柱厅。其中有122根高达21m,直径达4m,柱头雕刻着开放的莲花状,柱身刻满了描绘神与法老的传说故事浮雕。如此粗壮、森严的柱林,造成沉重、压抑和神秘的心理效果,使人不由自主地产生"祭神如神在"的虔诚(图3-139)。

图3-139 卡纳克阿蒙——拉神库石柱厅

人首翼牛浮雕 公元前742~706年 亚述

图3-140 人首翼牛浮雕

这尊雕像是萨尔恭二世宫门前的两只镇门兽形象之一。神牛共五条腿。西亚的古代雕刻工匠们没有意识到他们已经突破了时空的限制,作出了重要的创造,可以说是现代艺术的真正先驱,此类神兽雕像共有28件(图3-140)。

图拉真征功柱 公元106~113年 罗马

长达200m的浮雕带围绕征功柱22圈,描绘了图拉真皇帝两次远征的史迹。柱子中空,可循185个石级盘旋而登。柱顶的图拉真雕像1588年被更换为圣彼得雕像(图3-141)。

图3-141 图拉真征功柱

圣卡罗教堂 1634~1641年 意大利罗马 作者:波罗米尼

波罗米尼是意大利著名的巴洛克建筑家,圣卡罗教堂是他设计的第一个重要建筑物。他运用了独特的雕塑手法,将建筑看做是一件雕塑,在设计时作了大胆的处理(图3-142)。这一创造使建筑家赢得了巨大声誉,法国、德国、西班牙等各国都有人前来学习、仿造,这种独特的建筑造型在17世纪下半叶开

图3-142 圣卡罗教堂

始流传。

勃兰登堡门

勃兰登堡门位于德国首都柏林市中心，最初是柏林城墙的一道城门，因通往勃兰登堡而得名。现在保存的勃兰登堡门是一座新古典主义风格的建筑（图3-143），由普鲁士国王腓特烈·威廉二世下令于1788～1791年间建造，以纪念普鲁士在七年战争中取得的胜利。自滑铁卢战役以后，勃兰登堡门逐渐成为柏林的象征，也是德国国家的标志。作为唯一保存下来的柏林城城门，它见证了柏林、德国、欧洲乃至世界的许多重要历史事件。

图3-143　勃兰登堡门

雄师凯旋门　设计：弗朗西斯·加格林

凯旋门位于法国巴黎戴高乐星形广场的中央，面对香榭丽舍大街，是法国皇帝拿破仑为纪念奥斯特利茨战争的胜利而建立，1806年8月15日奠基，1836年7月29日落成。为单一拱形门，高50m，宽45m，厚23m。

图3-144　雄师凯旋门

门内墙壁上镌刻着曾跟随拿破仑征战的386位将军的名字。门上有描写历次重大战役的浮雕，主要的四幅是正面（面对香榭丽舍大街）的《出征》、《凯旋》与背面的《抵抗》、《和平》。为纪念第一次世界大战中为国捐躯的法国官兵，1920年11月11日在凯旋门下增设了无名烈士墓，墓上点着永不熄灭的天然气长明灯。在停战纪念日等重大节日，法国总统在此为阵亡的法国烈士敬献鲜花、默哀悼念。每年7月14日，法国国庆节的阅兵队伍都是从这里开始的。广场的周围有12条放射形林荫大道，广场上几乎总是车水马龙，游人可以登上凯旋门欣赏巴黎的美丽景色（图3-144）。

天堂之门　青铜　设计：基培尔提

《天堂之门》位于佛罗伦萨洗礼堂东门，它是为了感谢上帝以一场瘟疫杀死了大部分即将攻入佛罗伦萨的米兰军队，由市政当局邀请基培尔提创作的，耗时二十多年建成。大门的浮雕表现出强烈的空间透视感。浮雕以圣经故事为题材，写

图3-1145　天堂之门

实手法纯熟，是文艺复兴时代的经典作品，被米开朗基罗誉为"天国之门"（图3-145）。

埃菲尔铁塔　钢铁　设计：居斯塔夫·埃菲尔

埃菲尔铁塔是现代巴黎的标志,是一座于1889年建成，位于法国巴黎战神广场上的镂空结构铁塔，高320m。埃菲尔铁塔得名于它的设计师——桥梁工程师居斯塔夫·埃菲尔。铁塔设计离奇独特，是世界建筑史上的技术杰作，因而成为法国和巴黎的一个重要景点和突出标志（图3-146）。

第3章 公共空间中的雕塑设计　Public Art and Design

（图3-147）。

卢浮宫金字塔　玻璃　设计：贝聿铭

加入现代气息浓厚的玻璃金字塔，让卢浮宫这座八个多世纪的古老巴洛克式宫殿迎来复兴，也成就了贝聿铭一生最大的荣耀。贝聿铭在古典主义建筑中融入自己一贯提倡的现代主义设计，也为建筑界提出了一个新的命题。通体透明的玻璃金字塔，既能为馆内提供宝贵的光线，也能够反射周围的老建筑，让它们互相呼应。而且，这个简单的几何图形不仅不会显得突兀，反而可以衬托卢浮宫的庄重与威严（图3-148），它还能与凯旋门以及协和广场的方尖碑连成一体，为巴黎的中轴线锦上添花。

图3-146　埃菲尔铁塔

悉尼歌剧院　设计：约恩·乌松

这座著名的标志性建筑的外观为三组巨大的壳片，耸立在南北长186m、东西最宽处为97m的现浇钢筋混凝土结构的基座上。第一组壳片在地段西侧，四对壳片成串排列，三对朝北，一对朝南，内部是大音乐厅。第二组在地段东侧，与第一组大致平行，形式相同而规模略小，内部是歌剧厅。第三组在它们的西南方，规模最小，由两对壳片组成，里面是餐厅。其他房间都巧妙地布置在基座内。整个建筑群的入口在南端，有宽97m的大台阶。车辆入口和停车场设在大台阶下面。悉尼歌剧院坐落在悉尼港湾，三面临水，环境开阔，以如同雕塑般的造型闻名于世，有"翘首遐观的恬静修女"之美称

图3-148　卢浮宫金字塔

比利时布鲁塞尔国际博览会原子球餐厅　设计：温戈西姆

1958年，比利时布鲁塞尔世博会上，中心建筑是一座原子能结构的球形展馆，这是一座放大了160亿倍的铁原子模型。9个大圆球被20根钢构架有序地连接成一个整体，它象征着人类安全、和平地应用原子能。"原子球"建筑的外体为铝质，高124m，每一个球体直径为18m。一根根支撑球体的构架，都是装有自动扶梯的管式通道。9个巨大的球体，已有3个被辟为永久性的科学展览馆，其余的也派上了商业用场。其中，最高的一

图3-147　悉尼歌剧院

个成为豪华的旋转餐厅。远远望去，宛如来到了一个科幻世界(图3-149)。

图3-149 比利时布鲁塞尔国际博览会原子球餐厅

鱼尾狮像 林南 1972年 新加坡

这件作品坐落于新加坡河畔，是新加坡的标志和象征。该塑像高8m，重40吨，狮子口中喷出一股清水，是由雕刻家林南先生和他的两个孩子共同雕塑的，于1972年5月完成。

作为新加坡旅游局标志的鱼尾狮首次亮相于1964年。这个矗立于浪尖的狮头鱼身像很快就变成了新加坡的象征（图3-150）。鱼尾狮形象是由当时的Van Kleef水族馆馆长Fraser Brunner先生所设计的。鱼尾狮的狮头代表了《马来纪年记》里所记载11世纪，三佛齐王国的圣尼罗乌达玛王子在这座小岛所看见的一头神奇野兽，后来他才知道那是头狮子。就此，王子就将这座小岛命名为"Singapura"。"Singapura"在梵文里的意思是狮子。鱼尾则象征了在王子发现小岛前的古城淡马锡，并代表新加坡是由一个小渔村发展起来的。

3.3 提出问题、分析雕塑设计方法及材料的应用

问题1：公共雕塑的设计者需要具备哪些素质？

(1)综合素养，即设计者需要对作品的历史、文化、社会生活、时代精神有相应的认识和把握，尤其是对作品的主题要有独特的认识和理解，对作品的尺度、韵律、节奏、比例等环境问题也要有准确的认识和理解。

（2）灵感，即设计者对整个雕塑语言的敏感和直觉上的把握，用带有空间形象的独特语言去展现自己对主题的认识和理解。

问题2：公共雕塑的创作一般要经历哪些过程？

当前国内的公共雕塑一般采用以下两种形式征稿：一是委托。一般是在小范围内讨论一下，然后委托给某个艺术家或设计单位去做；二是公开征稿。公开征稿一般先征平面稿，有意向的再做小稿，评选委员会专家一般由建筑、园林、规划、雕塑界的专家及政府机关人员组成，其中雕塑家的人数不能超过三分之一。公开征稿的评选是比较公正的。小稿确认后再做定稿，材质应很准确。最后的定稿，一般设计几件，成品按定稿放大加工。目前投标流行一种"概念设计"，即不一定做具体设计，作者提供一个雕塑作品的方向或大概的一个理念，用文字说明即可。如果评委们认为这个设计方向不错，再要求作者做进一步的创作。

艺术家在创作公共雕塑的时候，需要与委托方进行不间断的交流，让每一个创作过程都渗入公共性，千万不能自言自语。所以适时地请甲方或评委们作评介，是

图3-150 鱼尾狮像

城市雕塑完成过程中很重要的一个方面。另外，公共艺术作品是进入到社会的艺术商品，艺术家自己欣赏或许无价，但进入市场就应该由价格来衡量。同时，艺术家在与甲方谈判的过程中，首先要有一种服务意识，这样才能顺畅地交流。老一辈公共艺术家李林琢先生曾主张"将甲方领导的名字刻入作者的行列"原因就在于一件成功的公共艺术作品不仅包含了作者创作的灵感与心血，也包含了工人们一丝不苟的精细加工，而且甲方领导的远见卓识、较高的艺术品位，热情的参与以及强有力的资金支持，也起着举足轻重的作用。

问题3：我国最早的雕塑作品诞生的标志是什么？

史前时代，山顶洞人使用成熟的钻孔技术是雕塑诞生的标志。钻孔是人工找到深度和厚度的劳动，它冲破平面，取得了三度空间的第三空间，成为雕塑造型的基本因素，是主体装饰的开始，这在雕刻史上具有重要的意义。

问题4：公共雕塑在设计过程中需要具备哪四个条件？

（1）主题的确定。这是公共雕塑成功的关键，主题选择和确定是关键的第一步。

（2）位置的认定。这是雕塑成功的指标。例如，美国自由女神像的位置选在密西西比河出海口的小岛上，面临大西洋过往的航船，背后是纽约整个城市建筑的轮廓。建造这座塑像的历史背景是欧洲各国人民不堪专制制度的压迫，纷纷乘船逃离家园，奔向新大陆。当他们自大西洋越洋而来，入到河口时，自由女神高擎火炬的姿态，无疑给人们心灵上无比的安慰。同时自由女神的塑像平衡了对岸过于拥挤的高楼所呈现的沉重感，稀释了整个城市的空间密度。

（3）体量的选定。这是公共空间中的雕塑成功的要素。《自由女神》采用立姿，从台基底部到高举过头的火炬总高约九十米，她独立于江岛之上，仿佛拔地而起，给人以卓尔不群的崇高感，有一种呼唤人们追求自由的力量。当年确定体量、尺度都是经过艺术家仔细推敲的，这其中还有工程师对整个结构构架的精密计算，体量过小和太大都不足以适应这样的环境条件。

（4）材料的敲定。这是公共雕塑成功的钥匙。

以上所述的四个条件，环环相扣，缺一不可，只有选好了题材，选对了位置，选准了体量，选定了材料，才能顺利地把雕塑做成功。

问题5：标志性雕塑在设计过程中观者与雕塑的最佳视点有哪几个？

（1）远点——距离与雕塑高度约为10:1，大型公共雕塑在此视距中要能使观者取其势，也就是看到雕塑的轮廓和动态气势。

（2）中点——距离与雕塑高度约为3:1。在此视距中，雕塑能使观赏者取其形，也就是能较全面地把握雕

图3-151　拧成一圈的孩子　日本名古屋一广场

塑形体及表情神态,这是观赏雕塑最合适的距离,雕塑在此距离中是最完整的。

(3)近点——在10m内外为宜,此视距中雕塑的各个局部都完整呈现,能使观赏者取其质,也就是体察到工艺技巧的肌理美感。只有前者,没有后者,都使人有意犹未尽的感慨,这与赏画"远看取其势,近看取其质"的道理是一样的。

问题6:公共雕塑设计需哪几步方案?

(1)从主题入手构思出造型草图。

(2)通过位置的选定,调整雕塑与环境的关系,选择最佳放置位置或角度。

(3)体量的认定。在现场反复观察,并对周围建筑物高度、路面宽度计算后,设定雕塑的高度,最后从多个方案中选取最佳方案。

(4)从色彩、材质、肌理、动势中研究探讨。

(5)从现代环境艺术设计中的声光技术运用中吸取精华,力求使其无论在白天还是在夜晚都有良好的效果。

问题7:公共雕塑设计中常用的设计方法有哪些?

(1)直接再现的设计方法,这是纪念性雕塑作品常用的方法。这种方法能创造出直观的典型形象,能把所要纪念者的形象、风貌直观地表现出来,也容易被各个阶层的观众所接受和理解。

(2)象征寓意法。这种方法也是纪念性、主题性作品常用的传统手法(图3-151)。

(3)象征寓意与真实再现结合的设计方法。这一方面保证了形象的深度和真实感人的力度,另一方面给予了作品浓郁的浪漫色彩,二者的结合构思使作品象征构思的内涵更加明确和肯定(图3-152)。

(4)以具体的物品的形象直接点题,以引发联想、想象,含义深刻,魅力感人。

(5)用抽象、夸张、变形的形象,形成独特的表现性构思。

问题8:设计公共雕塑要注意哪些因素?

(1)光照。因为室外光照强烈且多变,方向不固定。有晨暮、昼夜、阴晴、季节之分。

(2)视距。大型或较大型的作品要远距离观看。

(3)视点。作品不仅要被环绕着看、近看、远看,而且有时要被仰视、俯视。

(4)环境。作品要和环境结合起来观看。

问题9:设计公共雕塑的色彩应注意哪些问题?

(1)现代城市雕塑的色彩,首先应与人们的心理感受相一致。这是因为人们常常会感受到色彩对自己的情绪能够产生一定的影响,或者喜欢用某一种色彩表达一定的情感,甚至表达信仰。这就是人们对色彩的审美心理。

(2)城市雕塑的色彩应和地域、民族特征相和谐。

(3)现代城市雕塑的着色,应重点着力于体现色彩的象征性。

(4)现代城市雕塑对自然材质色泽的选择体现了

图3-152 城市街心雕塑

当今人们热爱自然、珍视自然、追求自然、回归自然的心理特征。

（5）绘画色彩美对雕塑艺术色彩美的补充。

问题10：怎样才能使彩色雕塑与城市空间形成为一个有机体？

这就要运用现代城市雕塑整体色彩的对比法则，在对比中求和谐，在对比中找个性。对比，这也是现代城市雕塑色彩美的重要特征。它包括色相、明度、纯度、面积大小等不同类型的对比。它由双方或多因素构成。成功地运用现代雕塑艺术的色彩对比原则能给人以超凡脱俗般的强烈的视觉冲击，这种对比，不但能充分展示雕塑色彩本身独特的空间魅力，更能重新形成一种新的和谐关系，使整体环境色彩气氛更响亮、更动人（图3-153）。

问题11：现代城市雕塑的色彩究竟要追求什么样的效果？

现代城市雕塑的色彩关系就是一种和谐关系，是寓变化于和谐之中，是综合对比中的协调统一，是色彩动态过程中统一而富有变化的和谐美。城市雕塑的色彩美是形式美与内容美的统一，是通过视觉显现最终到达精神状态美的境界。一座好的城市雕塑不是盲目的色彩搁置，它是对自然环境的一种感受，是自然界中色彩美的升华，是整个色彩交响乐章中最和谐、最耀眼的音符。它能给人们以强烈的色彩愉悦感。我们在设计现代城市雕塑的色彩时，要更好地发挥诸如历史、地域、民族、生理、心理、和谐、对比等关系，恰当地运用色彩美的规律，无论是纪念碑雕塑、标志性雕塑、园林小品、室内外装饰雕塑，还是墓地纪念性雕塑等，都要因时、因地、因事、因人而制宜。必须深入调查研究，掌握地域风情，把握时代脉搏，熟悉色彩审美心理反应，在不同的条件下努力探索色彩的和谐规律，最终达到多样性的统一。无论建筑、环境、雕塑是同时设计的，还是先后形成的，它们都属于内在的联系整体，雕塑永远是环境艺术中不可分割的一部分，应服从于整体、服务于整体，在统一中突出自己的风格，在统一中发挥自己的个性价值，努力使现代城市雕塑在环境整体的环节上起到

图3-153　金属雕塑的色彩补充了环境色彩的单一性

图3-154　充满情趣的雕塑设计，会让孩子们与之互动，产生亲切感

画龙点睛或不可代替的作用。

问题12：公共雕塑有哪些形式？

（1）圆雕

圆雕是指独立于空间、立于地面或悬挂于空中、适合从各个角度欣赏的雕塑（图3-154）。

（2）浮雕

浮雕是在平面上雕刻出凸出物象的雕塑形式。按表面凸出的厚度分高浮雕和低浮雕两种形式。因此，浮雕是介于绘画与雕塑之间的艺术形式。

（3）透雕

透雕又称镂空雕塑，是没有底板、前后通透的单面或双面的浮雕（图3-155）。

图3-155　水　木透雕　李林琢

问题13：公共雕塑有哪些类型？

（1）具象雕塑。具象雕塑又可分为写实和写意两种形式。写实雕塑以现实对象为本，恪守"模仿说"的美学原则，以逼真再现的表述方式，把写实的造型、神态细致入微地再现出来。写意雕塑则强调主观对客观的感受，其造型是客观之象与主观之意的结合，通过概括、夸张和变形来表现造型，形成别具特色的语言形态。

（2）抽象雕塑。即摒弃一切客观表象，以点、线、面等基本造型元素，直接揭示事物的本质与内在结构，富于哲理和解析性的内涵。

具象雕塑和抽象雕塑之间只是一种风格上的差异，无高低之分，它们以不同的艺术形式和艺术语言揭示或表达了人类对主客观世界的认识，共同丰富着雕塑艺术。

问题14：在公共雕塑的设计过程中一般采用哪几种造型方式？

（1）具象造型

具象造型是指以自然物象为表现对象，其形体特征与自然物象极其相似或基本相似。在雕塑的形体语言中，自然形态一直贯穿于雕塑艺术的发展历程，在传统雕塑艺术形态中有两种基本类型。一种是以古希腊、文艺复兴时期为代表，强调对物质形态忠实、准确地描写，注重对象的细节忠实，反映人类生存过程中的具体场面，有着比较明显的思想性和倾向性。另一种是中世纪的类型，它是西方文化表现的特殊形式之一。它不注重客观世界的真实描写，而强调对物质形体背后的精神揭示，不追求对物质对象的表面酷似，而是诉诸于人的内心世界。这种造型方式直到文艺复兴时期才结束。

（2）抽象形体

抽象形体是指在雕塑艺术的造型语言中，以抽象的形态和体积进行艺术创作的一种艺术形式，它不以描述自然物象为目的，而是揭示事物的本质和精神。它的造型方式有两种：一是对自然物象进行提炼、概括、简约，抽取其中最典型、最本质的生命与精神内涵重新构建，也被称为"有机型雕塑"，其中已没有可以解读的自然物象，取而代之的是对事物本质更高层次的认识和理解。另一类抽象雕塑造型方式是不以自然对象为参照，而是以圆形、方形、三角形等几何形为纯形式的造型方式，强调空间与形体的结合，具有工业社会的文化特征。

问题15：制作公共雕塑通常采用哪些材料？各自都有哪些特点？

（1）金属材料。如铜、钢、不锈钢、铝合金、钛合金、铁等。金属材料的质地坚硬，不变形，耐腐蚀，加工工艺复杂，是制作室外雕塑的良好材料。

（2）石材。石材的历史悠久，表现力丰富，不同的加工方法可以获得极为不同的艺术感觉。

（3）木材。曾大量运用于建筑雕塑，因不耐风雨，需经常涂刷油漆等保护剂，不适宜做室外雕塑作品。

（4）树脂复合材料。易加工，色彩丰富（图3-156）。

图3-156　卡通般的效果，鲜艳的色彩，往往成为城市中靓丽的风景

（5）陶瓷。有釉陶、马赛克、琉璃等，是古老的雕塑材料，因其烧制前的良好可塑性，以及烧成后具有一定的强度而深受雕塑家的喜爱。

（6）纤维材料。质地松软，加工方法独特，色彩变化多样，能弥补建筑空间因材料的单一与冰冷所带来的温情缺乏的弊端。同时，纤维材料本身特有的绿色、环保的特点也增加了这种材料雕塑的魅力（图3-157）。

（7）混凝土。价廉物美，工艺简单，能真实反映作品的风貌，能模拟石材效果。

（8）综合材料。材质变化丰富，打破单一材质的局限，能使作品的表现形式更自由，内涵的表达更充分。

问题16：雕塑设计时对材料的选择应注意哪些问题？

（1）作品的类型和性质。比如，设计重大主题的纪念性雕塑作品，为保证其永久性，选择材料时宜选择庄重、有历史感、浑厚、沉稳、有力度感的材料，如青铜、石材。

（2）作品的构图与艺术处理。比如玲珑通透的作品就不宜选用石材，而团块状、封闭性强的作品，石材无疑是最好的材料。

（3）作品所处的环境。比如青铜作品设计在绿荫环境中容易被淹没，这是由于青铜材质与绿荫在色彩的明度和色相上太接近。

（4）作品的经费及其他因素。由于经费的不足，设计好的雕塑在制作过程中被迫选用廉价的替代材料，从而留下遗憾。

问题17：金属雕塑的制作工艺有哪些？

（1）铸造工艺。以黏土或其他可塑材料做出原型，再翻成铸造模型，然后烧铸成型。根据铸造模型材料的不同主要分为陶范铸造、金属铸造和失蜡铸造。

（2）锻造工艺。锻造工艺分为两种类型，一种是机器锻造，特点是成批性和规格化；另一种是手工锻造成型，具有单个性和随意性的艺术表现特点。这一工艺手法是利用金属材料特有的延展性，通过对金属表面的捶打和锻造来改变金属材料原有的形状。

（3）焊接工艺。利用金属材料的可熔性，将连接

图3—157 纤维作品

部分在制作过程中加热,并熔化而结合成一体。

(4)铆接工艺。利用铆钉或螺母把立体造型的各个部件铆接在一起来完成作品,铆接的痕迹会始终留在作品表面。

(5)切割工艺。利用金属板的切割性能,利用等离子和锯条切割的方式,以表现轮廓的方式进行制作。切割方式虽然简单,但运用得巧妙,同样可以创作出个性化、有意味的艺术形式。

问题18:怎样制作石材公共雕塑?

首先在选材时要挑选合适的石材。天然石材可分为三大类:火成岩、沉积岩、变质岩。在公共雕塑的制作中,可用的石材有大理石、花岗岩、彩石系列等。然后进行选料,先要检查颜色是否均匀、质地是否致密、声音是否清脆,之后进行开料,把整块的石料分割成所需的尺寸规格。最后进行雕凿,利用风镐等工具对开凿完的石料进一步刻画,露出大体形态,最后完成。

问题19:制作木雕公共雕塑首先要做哪些准备工作?

木雕的制作流程首先要保证木材的选料要软硬适中。木质坚韧、纹理细密、色泽光亮的称之为硬木,如红木、黄杨木、花梨木、扁桃木、银杏木、榉木、紫檀等,具有雕刻的全部优点,是雕刻的上等材料。初学者可选择木质疏松的木材,如椴木、银杏木、樟木、松木等。这类木材适合雕刻造型结构简单、形象比较概括的作品。有些木材纹理较多,可巧妙利用。如水曲柳、松木、冷杉木等。

其次,对木材进行干燥处理。采用人工和自然两种方法。人工方法是将木材密封在蒸汽干燥室内,借蒸汽促进水分蒸发,使木材干燥。干燥的程度最高可使木材含水量仅达3%,而通常原木干燥的程度应保持在含水量

30%左右。自然干燥就是将木材分类放置在通风处，中间留有缝隙，使空气流通，带走水分，木材逐渐干燥。

最后要选用合适的雕刻刀具。平刀，主要用来铲平木料表面的凹凸，使其平滑无痕。平刀的锐角刻线，有强烈的木趣刀味。圆刀多运用于圆形和圆凹痕处，在雕刻传统花卉上有很大用处。斜刀，刀刃呈45°斜角，主要应用于关节角落和镂空狭缝。如果刻人物的眼角处，斜刀更好用。中钢刀，刀口三角形，因其锋面在左右两侧，锋利集点就在中角上，因此推压越重，三角刀刻出的线就越粗。

问题20：公共雕塑在造型上要注意哪些问题？

（1）要高度重视形体结构的严谨和准确，强调其内在的构架性。

（2）必须保证基本形体的简洁和明确，整体和细部的恰当关系。

（3）注意厚重饱满的体量感，减少远距离空气阻隔的虚化。

（4）避免细部起伏的过分凹陷，防止在侧光照射下整体产生歪曲和破坏。

（5）从主要视角观看时，轮廓影像的清晰和准确是至关重要的。

（6）人物的动态和表情要鲜明和肯定，排除模棱两可和过于即兴式表面化的处理。

（7）超大尺寸的具象作品更需要概括性地处理，以增加作品的力度。

（8）在特定情况下应考虑透视变形的处理，调整各部分的比例和体量，以解决视差问题。

问题21：设计公共雕塑摆放的位置时应注意哪些因素？

（1）城市总体规划。

（2）环境的性质、功能、结构和情趣。

（3）雕塑作品的类型及尺度。

（4）作品的构思、构图。

（5）人流的主要方向，主要观看角度的景观效果。

（6）光线朝向。

（7）作者的某种特定意图。

问题22：公共雕塑设计照明时应注意哪些因素？

（1）不仅要对雕塑照明，还要配合对地面、道路、出入口、绿化、水面以及行人的照明，创造一个供人活动的舒适宜人的光环境。而且要主次分明。

（2）着眼夜景独特的情景，设计出与日光照明不同的照明方式，使雕塑展现出夜晚特殊的魅力。

（3）考虑环境与雕塑之间的亮度比例，保持雕塑与环境之间的主从关系，使视觉焦点得以凸显。

（4）雕塑照明要区分于普通的建筑照明方式，不宜采用商业照明方式。

（5）雕塑不同部位的照明要区分对待，分出体面的立体感。人物雕塑以侧顶光为好，浮雕忌正面给光。

（6）对不同色彩、不同质感的雕塑宜采用不同的色光和照明方式。有时可照亮背景墙以显现雕塑剪影的效果。

（7）不能等雕塑制作完工才去考虑照明，应在设计初期就统一设计。

问题23：公共雕塑设计需要考虑避雷吗？

设计避雷设施是保证作品永久性的必要条件之一。尤其对一些大型、开阔地区的雕塑尤为重要，要请电气专业人员参与设计和施工。

延伸阅读：

1. 陈绳正，《城市雕塑艺术》，辽宁美术出版社，1998年1月出版。
2. 梁思诚，《中国雕塑史》，百花文艺出版社，2006年出版。
3. 张荣生，《西方现代雕塑》，山东美术出版社，2009年出版。
4. 朱国荣，《中国雕塑史话》，上海书画出版社，2002年出版。

思考与练习题：

1. 雕塑作品成为公共艺术需具备哪些条件？
2. 掌握雕塑的材料、技法、形式及创作方法对公共艺术设计有何意义？
3. 城市公共艺术雕塑与艺术展览中的雕塑作品有何区别？
4. 为自己所在的校园设计一件公共艺术雕塑，包括平面图、立面图、效果图。

    要求有独特的空间效果，并与环境相协调。

第4章 公共空间艺术中的装置、装饰设计

4.1 露天装置、装饰与城市公共空间

现代城市公共空间中,装置、装饰艺术品的涵义比较宽泛,凡是现代城市公共场所的人造环境中具有一般艺术特性的艺术创作与设计作品都可归纳其间。它是城市经济和社会发展的一种体现,是人类对美好生活的重要觉醒,并逐步开始产生和树立的一种整体环境意识。公共装置、装饰艺术品被放置在特定的公共空间当中,体现功能性、技术性、艺术性,也要和周围的环境发生关系,因环境的属性变化而在风格、形式上产生变化。

如图4-1中我们所看到的这座由夸张而绚丽的黄色花瓣组成的鲜花凉亭,它可以根据活动需求转移到任何不同的地点,随时创造出一个独特的公共空间。这座鲜花凉亭极具独创性,充分展示出在创造这样一个既易于拆卸又便于移动的建筑结构时钢铁材料的可塑性。11片逐渐展开的花瓣环绕着主茎,花瓣高度从2.8~4.5m不等,主茎设有可进行活动的平台。这些花瓣构成一个面积为97 m^2的空间,人们可以在此进行各种表演和辩论活动。游人可以从各个花瓣间的空隙进入,每个空隙的大小和高度都各不相同。白天,鲜艳的黄色花瓣在阳光的照耀下愈显亮丽;夜晚,主茎散发出的光芒会照亮整个凉亭。

图4-1 Tonkin Lin设计团队为2008年伦敦建筑节设计的可移动构筑物——鲜花凉亭

现代城市公共装置、装饰艺术品的设计,具有美化城市空间、彰显城市特色、提升外部空间的文化品位以及承载公共活动等作用,具体表现在:

(1)塑造外部空间形态。城市公共空间中的装置、装饰艺术品作为城市外部空间和其景观重组中不可缺少的元素,其对外部空间人性化的尺度和界面的二次调整、空间秩序及层次感的营造都具有极其重要的作用,其形态与组合方式会使外部空间尺度改变,比例与形状的感觉也会有所不同(图4-2)。

(2)地方文化内涵的显现。从景观设施与地方文

图4-2 清华科技园中的景观廊架,放大了设计尺度,在建筑和人之间形成了良好的过渡关系,既丰富了景观层次,又减少了建筑给人的压抑感

环境设施小品,如景墙、花坛、座椅、水池、景桥、亭廊、栏杆、铺装、景观雕塑等,作为公共空间中必要的功能和装饰性构筑,具有良好的审美性,也承载了环境中人的行为活动。本章中,我们根据不同的环境空间的功能属性进行分析。

4.2 不同空间的艺术构筑、装置、装饰特征分析

4.2.1 广场装置、装饰设计

广场设计属于城市设计众多内容之一。城市广场不仅是市民各种活动的载体,而且必须成为城市文化、城市精神的传达者,将人与人、人与社会、人与自然之间的关系客观、冷静地表达出来,让生活在城市中的人有归属感,让外来者能感受到这座城市与众不同的内涵。

化方面看,城市公共空间中的装置、装饰艺术品作为依附于特定外部空间环境的构筑,其风格造型与文化表达必须充分显现该外部空间的地域特征,从城市传统的样式、地方风格、材料特征、城市色彩等方面去加以提炼和渗透(图4-3)。

城市公共空间中,装置、装饰设施的范围也十分广泛,主要指具有一定艺术形式和内容的统一体所构成的

图4-4 大雁塔北广场地景浮雕

(1)大雁塔北广场装置设计

大雁塔北广场位于现在的西安市的主要交通干道,是典型的唐文化广场。大雁塔北广场的细部设计尽显唐代的历史印迹。大唐书法的地景浮雕共4组16块(图4-4),将唐代书法代表人物欧阳询、颜真卿、柳公权、虞世南、褚遂良、怀素、张旭等的著名书帖,雕刻于紫砂岩之上,与广场上的唐代花纹地景浮雕协调搭配,使广场的唐文化氛围更加厚重。

大雁塔北广场上的灯柱设计也颇具特色,运用现代

图4-3 潍坊城市广场上的灯柱设计,很好地借用了风筝的元素,体现了潍坊作为"风筝之都"的地域文化特色

图4-5　大雁塔北广场灯柱

材料，结合中国传统风格，并将唐代诗文镌刻其上，让人细细品味唐诗的魅力。灯柱加一层如宣纸般柔和的绢丝玻璃作为保护措施，不刺激人眼，充分体现出广场中细部设计的人性化（图4-5）。

（2）烟台滨海广场装置设计

烟台滨海广场以诠释海文化为主，在景观亭（图4-6）设计中突出地方特色，强化地理特征，利用张拉膜形成景观架廊——白色如等待起航的风帆，迎着海风，体现着力度美和一份轻盈。设计尺度上也适度放大，和海的开阔形成呼应。

图4-6　烟台滨海广场景观亭

图4-7　烟台滨海广场座椅设计

烟台滨海广场座椅的设计借鉴了海豚的造型（图4-7），进行仿生设计，增加了广场的海洋气息，材质上使用花岗岩，生态、耐用，有利于开展地方特色的民间活动，避免千城一面、似曾相识之感，增强广场的凝聚力和城市旅游吸引力。谐趣的设计风格，成为人们生活的调味品，又是组成环境设计的重要因素。

4.2.2　街道装置、装饰设计

城市景观的主要构成之一是街道，和广场一样，街道也承担着市民公共活动的场所职责。街道形成了公共空间的边界，又是街道外部世界与内部生活以及周边建筑之间的分界面。与宏大公共空间为主的广场所不同的是，街道公共艺术由于其空间的狭窄性，更适合生活化装饰设施艺术作品的出现。

（1）芝加哥街头装置设计

芝加哥南州大街旁边的一条小街经历了美丽的蜕变，这要归功于Rios Clementi Hale工作室设计的有着春天气息的装置群。设计元素——抽象的树形、半透明的桌子与组合照明、白色花岗岩铺路石，为联邦广场上巨大的现代建筑和历史悠久的州大街的步行区之间提供过渡（图4-8）。设计灵感来自于在城市中到处可见的皂荚树。新广场上有七个钢制的树形遮阳结构，"树"的根部固定于树叶形的喷砂混凝土中；地面镶有四只巨型"树叶"，看上去像被风城（芝加哥别称"风城"）的

图4-8　芝加哥街头树形装置群

强风从"树"上吹掉，散落在地上一般（图4-9）。

图4-9　巨型树叶装置

（2）王府井商业街装置设施

王府井商业街被誉为"首都第一商业街"，成为北京的标志。作为公共的活动空间，商业街的景观导视识别系统设计担任着重要角色，在提供动态识别等重要资讯功能之余，也为周围环境增添了丰富的环境景观。在王府井的街道空间中，无论花坛、垃圾箱或者铺装，都可以清晰地看到王府井的标志符号（图4-10），强调了街道空间的归属感。

图4-10　王府井商业街地面铺装中镶嵌的标志符号

（3）杭州滨湖国际名品街景观装置设施

杭州滨湖国际名品街的改造，抓住了"似曾相识"这一主题，营造出一个带有湖滨特色的全新感受。一条溪流沿商业街穿过，仿佛是西湖的延续，弯弯曲曲的水

图4-11　杭州滨湖国际名品街景观水系

图4-12　杭州滨湖国际名品街块石坐凳

系打破了商业街呆板的直线型空间，同时又强调了街道空间的整体秩序。板岩驳岸的质朴和自然，让商业空间多了一份生态自然的平和（图4-11）。

水系边花岗岩块高低错落，粗糙与光滑的表面形成了对比，粗糙的一面成为了水系的驳岸，而光滑的一面则成为了坐凳（图4-12）。灰、白的基调在和谐中体现着对中国文化的追求。

在铺装设计中，设计者利用板岩拼花在管理井上做

图4-13　杭州滨湖国际名品街地面铺装

图4-15　杭州古城地景浮雕

格的花砖重复镂空增加了墙体的装饰性和传统气息，而红色的玻璃板又体现了新旧之间的冲突，在这种对比之中，寻找一种艺术和谐（图4-14）。

文章（图4-13），使原本影响景观的设施变成了环境中新的亮点。

图4-14　杭州街头装饰景墙

图4-16　杭州古城地景浮雕标识牌

（4）杭州街头装置设施

杭州素有"丝绸之府"、"人间天堂"之美誉，依靠深厚的文化及历史底蕴，成为国内重要的旅游城市。杭州街头景墙设计以中性的灰砖与街道色彩统一，菱形

西湖滨水景观漫步道以杭州古城郭图形成大面积的地景浮雕，使游客寓教于游，增加了景观的参与性和知识性（图4-15）。地景浮雕的标识牌也采用了书卷的形式，体现古城韵味（图4-16）。

"西湖天地"作为西湖边上的滨湖商业餐饮休闲区，其景观标识既要体现明确的识别指示，又要具有文

图4-17 "西湖天地"指示牌

图4-18 小区入口景观构筑——水车磨坊

化内涵。其指示牌的设计就打破了呆板的单面观板式设计，而采用文字和图面的结合，借鉴了石鼓的造型，把标识地图浮雕在石鼓的鼓面，而文字指示刻于直立的看板，形成了石鼓竖向上的延展（图4-17）。

4.2.3 居住区装置、装饰设计

现代居住区的景观设计,不仅讲究植物质感与色彩的配置，还要讲究装置设施的选择、景观构筑物的营造、室外家具与小品设计等，以求实现整体环境的最优化。不同风格的小区景观定位决定了不同的装置设施选择，住区景观设计要把握地域文化特点，营造出富有文化内涵和地方特色的小区景观环境，同时住区景观应更具备亲和力，注重小尺度和细部设计，塑造出安全、便捷、和谐的住区景观空间。

当然，多样的外部环境设施、装饰要素之间要做到和谐统一，避免不同形式、风格、色彩的要素产生冲突和对立。空间是环境的主角，各要素需要服从于环境和谐的整体利益，使各自的先后、主次、从属分明，共同构筑协调、统一的环境。

（1）"云裳丽影"居住小区装置设计

位于广州大道北的"云裳丽影"居住小区以云南丽江风情园林景观为特色主题，因而在小区入口设置水车磨坊（图4-18），让整个社区有着"家家门前绕水流，户户屋后垂杨柳"的韵致。

东巴文字是丽江风情所独有的元素，被称为世界上唯一"活着的象形文字"，带有一种遥远的、古雅的、

图4-19 景墙"东巴猜"

图4-20 "第五园"漏墙设计

图4-21 "第五园"入户设计

带有一点神秘意味的感觉。小区景墙设计中以两种不同材质的墙体来营造，卵石体现了丽江水、丽江情，卵石饰面的景墙面积小、颜色重，与主景墙面形成对比呼应；机刨面的花岗岩装饰了主墙体，面积大、色彩轻，并刻有东巴文字，表达主题（图4-19）。

(2) "第五园"景观装置设计

深圳万科"第五园"作为华南区域的现代中式第一楼盘，尝试了新中式的景观营造，吸纳了岭南四大名园，辅以现代设计理念，通过"古韵新做"的设计手法，以灰、白基调进行构筑。漏墙设计虚实结合，以冰裂纹的传统纹样夹在白墙中，形成漏墙（图4-20），融入传统文化底蕴的同时不留设计痕迹，使居者身临其境，感受到放松、亲切的氛围，体会到家园的美好。

入户设计着墨于中式民居的庭、院、门的塑造，在造型上，以直线为主，注重虚实结合；在色彩上，采用素雅、朴实的颜色，穿插少许防腐木的亮色；在材质上，以砖木为主，使整个社区给人一种古朴、典雅又不失现代的亲和感（图4-21）。

(3) 北京泰禾"运河岸上的院子"景观装置设计

"运河岸上的院子"的设计有着中国传统宅院及王府宅邸的构筑精髓，其入户景墙的设计在材料上，主体呈灰色调，简洁、质朴且富有质感，传统灰搭配汉白玉和芝麻白的景墙既具中国内涵，又具时尚感。木格栅与实墙的转换既扩大视线范围，同时也丰富了街巷的光影景观效果。月洞门打破了高墙的封闭，映出后面的翠竹，前置高背椅让入户庭院更具沉稳、大气的王府贵气（图4-22）。宅门上设置了传统的铜梁、汉白玉浮雕、铸铜把手、铜雕壁灯，门前摆放着汉白玉的门墩，整个将宅门的尊贵感体现出来（图4-23）。

图4-22 "运河岸上的院子"入户景墙设计

(4) 地中海式风格的小区景观装置设计

地中海式风格以其质朴的材质、丰富的色彩、特色

图4-23 "运河岸上的院子"入户大门设计

的造型著称,景观装饰装置设计应把握其风格特点,使艺术与环境融为一体,并融入我们的生活空间。龙湖弗莱明戈是地中海式风格的社区景观,在自由型花坛设计中体现了地中海蓝、白为主的独特的色彩构成,有着蔚蓝色的海岸与白色沙滩,无须造作,本色呈现,体现出色彩最绚烂的一面。花坛利用马赛克自由铺砌,丰富的色彩体现了地中海风格的浪漫和奔放(图4-24)。

图4-24 龙湖弗莱明戈景观花坛

杭州绿城营造了地中海式风格的社区景观,在墙面设计中,利用红陶筒瓦堆叠形成装饰,斑驳的、手工的、比较旧的感觉,但却非常有视觉感和生态性,这也是地中海建筑材料的典型特征(图4-25)。

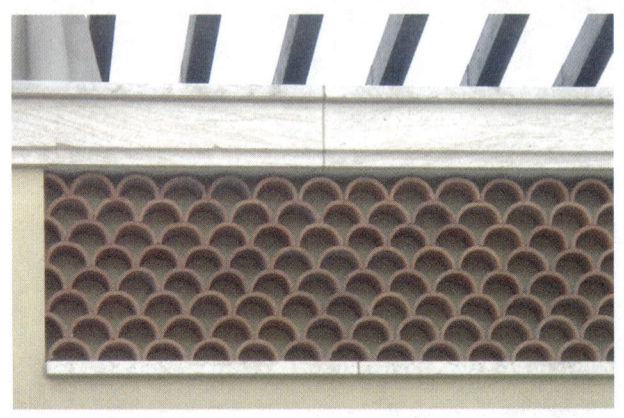

图4-25 杭州绿城装饰景墙

(5)小区趣味性景观装置设计

居民是小区的主体,小区景观装置应当体现家的温馨,因而小区装置设计可以适当的方式体现这种趣味性的营造。SOHO社区以鲜艳的蓝色作为标示牌的板色,利用抽象的人脸作为造型,时尚、亲切、简洁、醒目,体现了现代时尚社区的活力(图4-26)。

图4-26 SOHO社区标示牌设计

小区的公共景观装置设计有较明确的服务人群,它的重点功能是满足婴幼儿、老年人的使用需求,因而需要设计具有亲切感。例如有的小区中,坐凳的设计别有用心，为了迎合孩子们的心理，设计成多种动物的造型，使小区环境更加亲切、活泼（图4-27）。

图4-27　某小区坐凳设计

花砖铺地是传统园林中常用的表现手法，在现代的居住区景观中，利用不同的材质进行铺装拼花，十二生肖体现了环境的生活气息和趣味性，让孩子们在游玩中增长知识（图4-28）。

图4-28　小区十二生肖趣味铺地

4.2.4　地景公共艺术装置设计

相比环境艺术而言，地景艺术表达的是一种大地景观的诗意化。它试图达到的是将大自然和人类的历史遗迹做一种全新的视觉上的阐释。在现代主义艺术中，地景艺术成为了影响19世纪八九十年代风景设计的非常重要的因素。出现了有别于传统材料的"雕塑"材料。

在这种类型的"雕塑"中，来自大地的泥土和材料本身成为了用来制作作品的根本材料。这里存在三种基本大地艺术的特殊方式：第一种方式是将大型的艺术品嵌入或者是放置在土地的上面，将风景和创造出的作品融合为一件艺术作品。第二种方式是直接使用自然材料作为艺术传达的材料。最后一种方式是，在艺术作品中，人为制造的部分与短暂的自然过程互相作用产生艺术作品。

Northala Fields是伦敦一个世纪以来最大的新建公园，也成为了伦敦西部关口的一座"地景艺术品"。设计利用伦敦周边开发项目剩下的施工瓦砾建造了小山坡，节省了700万欧元。新地形的主要特点是沿着北角建立了四座圆锥形土丘，从西到东，土丘的高度从20m、25m、30m、35m不等。新的地形减少了来自附近公路的噪声、视觉和空气污染的影响，也通过新的地貌和土壤创造了新的生态机会（图4-29）。

海阳沙雕公园东临海岸线形成的天然沙滩，四周环

图4-29　Northala Fields山丘

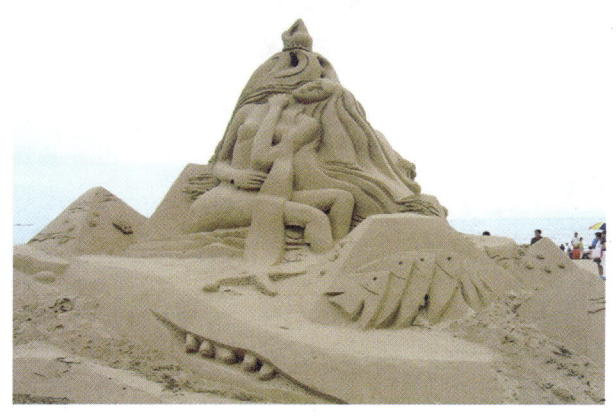

图4-30　海阳沙雕

绕着丰盈、繁密的防护林，设计以"人与自然的巧妙结合"为主题，以大海为前景，林地为背景，以细沙堆型雕塑，并借助白乳胶进行固定，形成别有风趣的海岸线景观（图4-30）。

4.3 国内外优秀公共艺术构筑、装置、装饰作品个案解析

4.3.1 北京奥运中心区下沉花园公共艺术装置解析

（1）创作背景分析

奥林匹克文化与城市公共艺术有着深厚的渊源关系。奥运公共艺术作品，作为凝固的音乐，构筑着该城市的文化底蕴，塑造着该城市的文化品牌形象。公共艺术构筑、装置、装饰的共享性、参与性和视觉冲击，都为奥运文化和城市文化的展现、表达搭建了有效的途径。

2008北京奥运会为北京城市公共艺术的发展带来极好的机遇，是塑造文化北京、艺术北京的国际形象的历史性重大契机，又是中国人民向世界展现中华文化的绝好时机。北京的公共艺术作品既具有鲜明的中国特色和东方神韵，它又应是全球理解的、世界关注的、国际制作水准的、高技术支撑的文化艺术精品。

（2）作品与空间、环境的关系

北京奥林匹克公园位于市区北部，城市中轴线北延长线的北端，其中，下沉花园就位于中心区。北京奥林匹克公园中心区除了比赛场馆外，还有20多万m²的商业配套、餐饮以及交通设施，为了避免这些设施影响景观环境，将其全部设在地下，并专门为其设计了一个下沉花园联系地上、地下空间。

改造过程中将原设计中的建筑当背景界面来考虑，其中现代的交通设施等部件按现代科技的要求进行设计，这样与新植入的传统元素有对比，才更能表现出老传统的新味道。

下沉花园中设有7个院落，它们从不同的角度对中国的传统文化进行了深入的诠释：1号院，御道宫门，表现了城市开门的宏大场。2号院，古木花厅，拉近了人的尺度，让人体验地方民居文化。3号院，礼乐重门，使人从礼乐活动中感受中国古老的文明。4、5号院，穿越瀛州，在穿越隧道的前后过程中体会绿色瀛州。6号院，合院谐趣，展现了四合院作为公共活动空间的热闹场景。7号院，水印长天，刻画了皇家园林中的传统运动场面。为了突出每个院落的特色和增加中国元素的细节，在主办方的组织领导下，下沉花园7个院落的中国元素设计都聘请了国内知名建筑师。北京市建筑设计研究院作为总协调单位，不但继续完成两侧建筑界面、桥体的设计，还负责担当1、4、5号院的设计；清华大学建筑设计研究院担当2号院；中国建筑设计研究院担当3号院；齐欣建筑设计咨询有限公司担当6号院；北京山川时空室内设计中心、北京市建筑设计研究院等几个设计单位组成联合设计体担当7号院的设计任务。

（3）造型的特征及色彩、材质的特点

下沉花园具备了传统园林的基本特征：它强调了南

图 4-31 围合东西界面的红墙与灰墙

北序列，增加了地上地下的过渡层次，并用统一的语素围合了东西界面。设计中大量采用"中国元素"，并赋予中国传统语汇以现代感。

紫禁城和四合院是北京城的代表，在以往的等级社会中，它们被高耸的红墙截然分开。今天，随着多元、开放、平等和谐时代的到来，红墙的禁止功能被交流功能所取代，这条难以逾越的边界开放了，因而设计提取了传统元素"红墙"、"灰墙"（图4-31），寓意"开放的紫禁城"，既保留了北京原有的意向，又通过"红墙"、"灰墙"重构了全新的城市景观空间，形成一条纽带，联结了历史与未来。灰墙的设计以钢架支撑，提取传统园林中窗格的形式，并以灰瓦填充，形成漏墙，和背景的红色墙体形成鲜明对比。

在下沉花园的7个院落当中，1号院用地面积最大，以故宫午门前广场为设计意象，使原本的异型空间具备了传统礼仪空间的稳定感。正对大台阶入口是午门意象的宫门——红墙宫门。结构形式采用钢结构梁柱体系。门架高11m，宽36m。门洞高5.8m，宽16.4m。门扇高6.0m、宽9.0m，为钢结构电控滑动门，导轨安装在门扇底部。门扇南面户外全彩LED显示屏，屏幕关闭后可播放18m宽、5m高的巨幅画面。门架顶端南侧为挑据深远的棚架（图4-32），143根铝型材一端与门架铰接固定，8m长型材和4m长型材交错布置，相互连接，形成两条曲线，抽象地表达了中国建筑的神韵。

3号院为礼乐重门。利用鼓、琴、箫，将我们带入中国古典音乐的殿堂。设计师将鼓的形态具体化，设计巨大的鼓墙（图4-33），243面鼓最大的直径达2.6m，从2号院跨越下沉花园顶上的钢桥，跨入3号院"礼乐重门"。下沉花园里的奥运大鼓的鼓皮选用的是法国产户外用张拉膜材，这种膜材制成的鼓皮强度高、表面有自洁能力，幅面够大，且能防雨，抗紫外线、抗老化能力强，音质醇厚。鼓外壳采用PE材料，由这种材料制作而成的鼓外壳与外观质地更为一致，透光效果更为均匀，色饱和度、色牢度也都达到了要求。

图 4-32 1号院的红墙宫门

箫在数千年华夏文明中有着悠久的历史，以其独特的音色和韵味给人一种悠远、苍凉的感觉。在下沉花园3号院中，制作了直径300mm、壁厚8mm的不锈钢箫管，表面进行镀钛处理。16根"排箫"（图4-34）自北向南依次排列，最高的达7.5m，长度依次递减，最短的也有2m以上。管上有孔，当风吹过时可发出"呜呜"的

图 4-33 3号院的鼓墙

图4-34　3号院中可作庭院照片的排箫

图 4-35　3号院中建筑立面上的琴弦

鸣声。箫管的下部有灯，夜晚光线从箫孔射出，既可照明，又为夜景增添光彩。

最东侧功能用房墙面上安装着一排排的细索，轻轻拨动可发声，这就是古代琴的象征（图4-35）。设计者在这块玻璃幕墙上拉起细索（琴弦），琴弦可以拨动，拨动时弦下的发生器便会送出美妙的音符。琴弦拉紧机构设计在琴的上部，选用直径1.5mm左右的琴弦，过粗的琴弦音色太低，过细的琴弦视觉效果差。琴弦的材质选择上，使用工业用不锈钢网线。

7号院位于下沉花园最北端，为奥运中心区与奥林匹克公园衔接点。东南角是以马术运动为题材的雕塑，再现了唐明皇、杨贵妃与王室贵族驰骋赛场，纵马戏球的

图4-36　杨贵妃纵马戏球雕塑

唐代盛景（图 4-36）。雕塑的造型是依照唐代风格塑造的。雕塑中，男子矫健倜傥，女子丰腴娇媚。妇女的服饰华美而开放，发上簪牡丹花饰，马尾按照当时的风格束扎起来。雕塑中央的说明牌造型取自出土的唐代马球铜镜，上面雕刻着唐代莲花纹的鞠球。雕塑在浓郁的唐风古韵中，透露出强烈的传承创新的视觉印象。雕塑的艺术感染力与周围的建筑环境更是有机地结合在一起。

神态各异的"仙人走兽"取自紫禁城宫殿最高级别金銮宝殿的戗脊上的仙人走兽，与幻化为11根立柱的宫墙融为一体（图4-37），以意带形，突显恢宏的皇家气度。

图4-37　11根立柱上的仙人走兽雕塑

4.3.2　河北秦皇岛汤河公园"红飘带"公共艺术装置解析

（1）创作背景分析

秦皇岛市汤河公园位于中国著名滨海旅游城市秦皇岛市区西部，城乡结合带上，坐落于汤河东岸，长约1公

里，总面积约20公顷。项目由北京土人景观与建筑规划设计研究院和北京大学景观设计学研究院设计，2008年5月建成。

设计中，如何避免对原有自然河流廊道的破坏，同时又能满足城市化和城市扩张对本地段河流廊道的功能要求，成为本案要解决的关键问题。河流廊道的自然过程和城市居民对它的功能需求两者合起来，就是汤河滨河公园的生态服务功能，包括水源保护、乡土生物多样性的保护、休憩、审美和科普教育。

2007年美国景观设计师协会ASLA专业奖评委评语："这个项目创造性地将艺术溶于自然景观之中，设计新颖却不失功能性，它有效地改善了环境。"

（2）作品与空间、环境的关系

设计最大限度地保留原有河流生态廊道的绿色基底，维护其生态服务功能，最少量地改变原有地形、植被以及历史遗留的人文痕迹，并引入一条"红飘带"，用最少的人工和投入，最少的设计和工程，用节约型城市和可持续的环境理念，将地处城乡结合部的一条脏、乱、差的河流廊道，改造成一处魅力无穷的城市休憩地，一幅幅和谐社会的真实画面，满足现代城市人的最大需要，创造一种人与自然和谐的生态与人文空间。

（3）造型的特征及色彩、材质特点

在原生土地和乡土植物的绿色基底上，这个项目引入一条长达500m的"红飘带"——一个绵延于汤河东岸林中的线性景观元素，中国红的色彩，点亮幽暗的河谷林地。该装置具有多种功能：它与木栈道结合，可以作为座椅（图4-38）；与灯光结合，而成为照明设施；与种植台结合，而成为植物标本展示廊（图4-39）；与解说系统结合，而成为科普展示廊；与标识系统相结合，而成为一条指示线。它自由曲折蜿蜒于树阴下、河岸边，因地形和树木的存在而发生宽度和线形的变化。

整条"红飘带"由玻璃钢构成，夜晚，由于内部灯

图4-38 "红飘带"与木栈道结合可以作为座椅

图4-39 "红飘带"与种植台结合形成植物标本展示廊

图4-40 "红飘带"夜景

光的照射便如同一条红色巨龙曲折蜿蜒（图4-40）。

沿"红飘带"分布四个节点，分别以四种乡土野草为主题。每个节点都有一个如"云"的天棚（图4-41）。网架上局部遮挡，有虚实变化，具有遮荫、挡雨的功能。夜间整个棚架发出点点星光，创造出一种温馨的童话氛围；斜柱如林木；地上铺装呼应天棚的投影；在这天与地之间，是人的活动和休息空间，以及乡土植物的展示空间。

图4-41 "云"状天棚

4.3.3 美国国际象棋公园公共艺术装置解析

（1）创作背景分析

该项目计划将一条城市长廊改造为一座繁荣的社区公园，使游客与当地居民可以积极地在这里开展体育或者庆典活动。项目位于美国加州格伦代尔市，占地418 m²，格伦代尔市希望征集一个低造价、低维护成本、易建造的公园设计方案，为城市中心街区营造一处生机勃勃的聚会场所，为国际象棋俱乐部及附近居民提供一个安全、舒适的休闲环境。

设计公司是Rios Clementi Hale工作室，曾获得由洛杉矶商业理事会颁发的洛杉矶建筑奖和2005年度市民建筑奖，以及由美国建筑师协会洛杉矶分会颁发的2005年度公共空间建筑奖（总统颁奖）。

（2）作品与空间、环境的关系

国际象棋公园位于布兰德大道中心街区的两个商店之间，这里曾经连接着停车场、剧院及周围的商店。在对这个矩形地块进行改造时，设计师仔细研究了国际象棋竞赛的悠久历史，并以其竞赛规则和战略、战术作为公园设计的基础，使公园的每处细节都与国际象棋词汇的传统含义相关联。

图4-42 象棋公园的棋子灯塔

（3）作品的构图、造型的特征及色彩、材质的特点

为了体现出公园的设计意图，并控制公园的造价，设计师以棋子为模型设计了5座有趣的灯塔，每座灯塔高约8.5m，底座采用Trex（一种塑料与木料混合的再生产品）装饰材料制成，棋子形状的顶部由白色人造帆布制成，白天洁净、浪漫，夜晚则散发出柔和的光线（图4-42）。Trex材料的维护成本很低并且可以适用于不同的结构，国际象棋公园的舞台、座椅、墙壁以及灯塔都用Trex材料制成。

设计师从著名雕塑家野口勇的灯饰作品以及康斯坦丁•布朗库西的抽象作品中获得灵感，重新塑造了这些棋子的形状（图4-43），并精心摆放在公园周围，使之能够呈现出古代雕塑的演变史，激发人们的创造力和挑战精神。

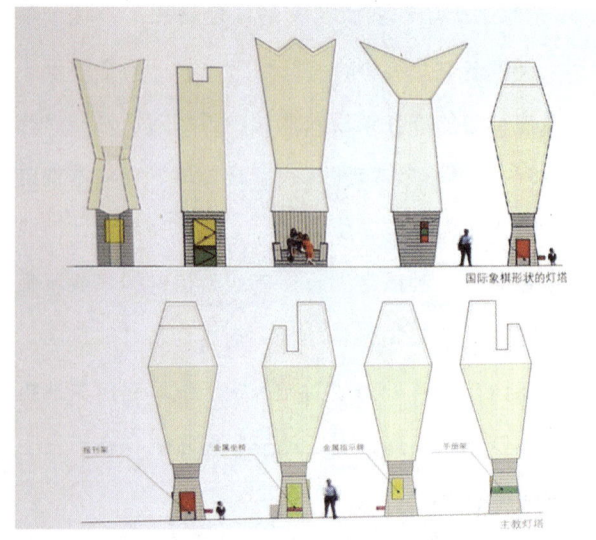

图4-43 象棋公园里不同棋子灯塔的立面图

图4-44 人们在镶嵌了黑白瓷砖的象棋桌对弈

音乐家、演员、艺术家可以在国王灯塔对面的舞台展示他们的才艺，后面是Trex装饰材料制成的灰色幕墙，构成了舞台背景，社区居民也可以在此进行一系列的活动。此外，幕墙还降低了长廊周围的高层建筑所带来的压迫感。运动区是公园的中心区域，人们可以在镶嵌了黑白瓷砖的象棋桌（共16张）上进行象棋竞赛（图4-44）。

4.4 提出问题，分析设计方法及材料的应用

问题1：装饰、装置设计中如何进行主题的选择及表达？

设计主题是贯穿整个项目始终的一条红线，展现项目的风貌与个性，是整个项目灵魂的具体表现。因此，在设计伊始就要确立主题化的设计思路，对项目规划设计的主题进行明确的定位。

在选择设计的主题时，应从装饰、装置设施所在的大环境着手考虑，通过地域特色、传统文化、城市定位、项目定位来考虑主题的确定，并考虑该设施作品在环境空间中的位置。处于中心广场的应该代表环境的主题特色，处于次要节点的，可作为主节点的立意补充，和主节点一起烘托项目主题。

下面就以"新中式"在景观中的表达为虚拟题目，给大家讲解主题的表达。

"新中式"是传统中国文化与现代时尚元素在时间长河里的邂逅，以内敛、沉稳的传统文化为出发点，融入现代设计语言，为现代空间注入凝练、唯美的中国古典情韵，以现代人的审美需求来打造富有传统韵味的景观，让传统艺术在当今社会得到合适体现，让使用者感受到浩瀚无垠的传统文化。

"新中式"景观就要求我们在进行装置设施、装饰小品设计时把中国传统风格揉进现代时尚元素，进而表达整个大环境的风格趋势，运用中国传统韵味的色彩、中国传统的图案符号来打造具有中国韵味的现代环境空间。

万科"第五园"运用现代简洁的景墙窗框，将广阔的水面及对面的建筑有选择地摄取空间优美景色，并将动态的琴声、飘扬的小舟纳入其中，让人坐在园中，透过窗框欣赏美景，如临仙境。框景手法的运用加大了景深效果，营造出如传统园林般丰富多变的景观空间，达到步移景异、小中见大的景观效果（图4-45）。

图4-45 万科"第五园"的景墙

奥运村入口设计采用障景的传统造园手法，分别以彩陶文化、青铜文化、漆文化、玉文化为主题，设置叠水影壁，将美景置于其后，达到欲扬先抑的景观效果，

图4—46　奥运村入口漆器文化的照壁

图4—48　西安曲江华府装饰有福、禄、寿、喜文字的灯笼

图4—47　奥运村大门

图4—49　西安曲江华府花砖铺地

同时在造型上又具有现代构成的简约之美（图4-46）。

奥运村大门设计在色彩的选择上，主要选用能代表中华文明的几种色彩——中国红、琉璃黄、长城灰、木原色，营造了崇高、尊贵、祥和、喜庆的入口氛围，也很好地体现了新中式的风格（图4-47）。

西安曲江华府在入户的门头悬挂装饰有福、禄、寿、喜文字的灯笼（图4-48），入户的铺装上采用了蝙蝠、祥云等纹样铺地（图4-49），运用中国传统符号以抽象或简化的手法来体现中国传统文化内涵，用传统的方式表达了人们对生活的祈福。

问题2：装饰、装置设计中如何进行造型的选择？

造型是表达的基础。装饰、装置设计中，造型的选择要依据整体环境的风格、功能进行定位。例如城市中心广场上的装饰、装置设计就因该大气浑厚，体现城市风貌；居住小区中的装饰、装置设计就应结合小区环境的整体风格，或者新中式，或者欧式，或者规整，或者自然，与大环境和谐统一，设计精致、多变。

比如：深圳欢乐谷主题游乐园中的装饰、装置设计由于环境功能的定位，自然趋向于幽默、夸张的造型（图4-50）；威海海边雕塑的设计如同一个大的景框，框住大自然的美好风光，由于设置在海边，故设计使用的材质粗犷，尺度放大，以和宽广的海面相协调（图4-51）；苏

图4-52　苏州博物馆的水景设计

州博物馆的堆山理水，为体现"新而中"的水墨园林味道，利用泰山石的片石堆山，以白墙做底，与水中的倒影虚实相映，在翠竹的掩映下，好似一副浓墨淡彩的水墨画（图4-52）。

又如：德国法兰克福泰奥多·豪思大街广场被称为"城市里的高速公园"，与周围车水马龙的环境相映衬，铺装设计延续了建筑及两侧车道的线性感觉。带状广场上铺设了多彩的大块石板，石板一直铺展到大厦对面，而后被垂直而立的石板、灯光幕墙和密实的植物丛取代（图4-53）。

图4-50　深圳欢乐谷墙面装饰

图4-51　威海海边景框雕塑

图4-53　德国法兰克福泰奥多·豪思大街广场

图4-54 商业空间的不锈钢透雕

问题3：装饰、装置设计中如何进行材料的选择？

材料是装饰、装置作品的表皮和骨架，依据不同的材料实现不同的造型，并通过不同材料的不同肌理，表达不同的效果。设计时要依据整体环境的风格、功能和定位进行选择。

位于商业街的雕塑采用镜面不锈钢，体现了工业感、现代感和时尚感，材料反射性强，不会产生腐蚀、点蚀、锈蚀或磨损。不锈钢还是建筑用金属材料中强度最高的材料之一，在公共空间中不易被破坏（图4-54）。

玻璃透明、轻盈，给人以精致、时尚的感受，在视线上可以保持空间的连续性，还可以通过彩绘玻璃、喷砂玻璃形成不同的图案。设计中经常和粗糙的自然条石一起造景，通过粗放和精致的对比产生良好的视觉效果。玻璃和防腐木相结合，显得更加清新、自然。在夜晚，结合灯光，玻璃还带来了美妙的景观效果。岐江公园在灯塔改造中，将原有水塔的外皮剥离，并在外面加设玻璃罩，夜晚灯塔晶莹剔透，映射出原有水塔的结构骨架，诠释了公园景观的工业感和时尚感（图4-55）。西溪湿地中利用玻璃和木材结合，在植物科普园区营建水下亭廊，让人们观察水下动植物的生活（图4-56）。

砖是传统的用材，体现了古朴、浑厚的质感。国奥村利用灰砖铺地，并利用不同的拼合方法，形成细部图案，诠释了新中式的设计风格（图4-57）。

设计中，我们往往是通过多种材料的组合运用来实现最终的景观效果，如汉诺威雨篷花园的设计。设计通过精心打磨的白色大理石地面，从室内延伸至室外，四周是地毯式铺开的茵茵绿草，端庄、典雅的红色玻璃钢巧妙地将储藏空间遮掩了起来，四周窗帘半透明，在微风中轻轻舞动，三个硕大的白色陶瓷树池与三段分叉的

图4-56　西溪湿地水下亭廊

图4-55　岐江公园灯塔

等十分灵活，可以根据设置的位置和风格进行选择。景墙在色彩搭配上，要和整体环境色调统一，从整体出发，并根据环境的氛围选择合适的色彩；景墙的造型多种多样，常见有矩形、曲面型、折型和倾斜型。景墙的设计手法上，首先可以利用镂空。镂空可以避免墙所造

树干一起，形成了奇特的、雕塑般轮廓分明的形象，在墙上和地面上投下了斑驳的树影（图4-58）。

问题4：景墙设计应该注意哪些问题？

景墙是环境装置设施中的重要类型之一，具有装饰作用。景墙以其优美的造型、协调的色彩、充满质感的材料、丰富的内容、与环境的合理结合，成为装点环境的景观装置，满足人们的审美要求，在现代景观中被广泛地应用。

景墙是园林中常用的分隔和联系空间的手段，又具有灵活性的特点。例如造型、尺度、材质、组合方式

图4-57　国奥村地面铺装

图4-58　汉诺威雨篷花园

图4-59　西溪湿地中的景墙

图4-60　某居住小区中的景墙

成的封闭、紧迫感，使视线通透，并保持空间的连续。其次是透空。通过各种形式的透空可以形成框景，有助于增加景观的层次和景深，尤其在景墙后有优质景观或者搭配竹子、芭蕉等植物时，透空的效果更好。再就是组合。景墙的组合方式多种多样，可以高低错落、调整朝向，通过不同色彩、造型、材质的组合，丰富景观层次。现在的景墙设计更多的是利用科技手段，如喷泉形成的水墙、灯光效果形成的光墙，都使景墙的形式更加丰富。

景墙很少使用一种材料建造，通常是使用多种材料有机组合。例如，西溪湿地中景墙的设计就以大块河卵石为主要饰材，结合自然石板，体现湿地的乡土气息（图4-59）。某居住小区景墙的设计采用了蘑菇面花岗岩、混凝土涂料来装饰墙面，陶砖作装饰线，陶瓦作镂空墙体的装饰，使得景墙具有了浓郁的地中海装饰特色（图4-60）。

问题5：园路铺装设计应该注意哪些问题？

铺装用于环境中的硬质景观空间，具有交通、导向、划分空间、造景等功能作用。

铺装材料的选择上，整体路面材料，如混凝土材料、沥青等，主要用于园林中的主干道；块料材料，如红砖、青砖、预制混凝土砖、板岩、花岗岩等，主要用于园林中的次级路；碎料材料，如卵石、马赛克、花岗岩碎拼等，主要用于园林中的小路。在材料的选择上，要特别注意与建筑物的调和、统一。

潍坊人民公园园路的设计采用花岗岩条石结合河卵石进行铺砌，强度高、装饰性强，和周围的草坪形成自然衔接；路中间放置的块石点缀，营造了清幽、闲适的游园路（图4-61）。

南京林业大学建筑中庭铺装设计采用了多种材料的

图4-61 潍坊人民公园园路设计

组合，视觉效果丰富。深灰色的青砖，灰色的花岗岩，白色的卵石形成了黑、白、灰的层次；木原色的铺装为整体色彩带来了变化；钢化玻璃的使用，解决了照明的同时，也使得中庭空间在夜晚更具装饰效果（图4-62）。

铺装也需要结合主题进行设计。日本东京城市铺装就通过镶嵌导向标识，将更多的主题信息传达给游览者（图4-63）。

图4-62 南京林业大学中庭铺装设计

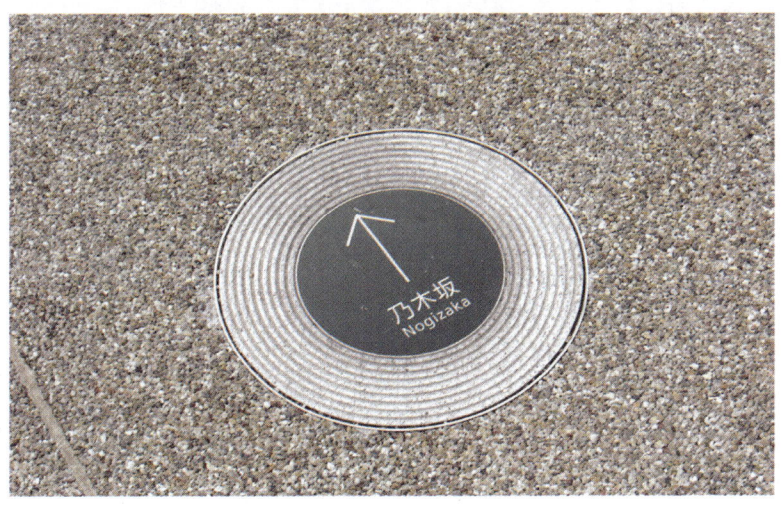

图4-63 日本东京城市铺装

延伸阅读：

1. 《国际新景观》杂志社，《景观公共艺术》，华中科技大学出版社，2007年出版。
2. 法国亦西文化，《法国公共艺术》，辽宁科学技术出版社，2008年出版。
3. 翁剑青，《城市公共艺术：一种与公众社会互动的艺术及其文化的阐释》，东南大学出版社，2004年出版。
4. 杨清平、邓政，《环境艺术小品设计》，北京大学出版社，2010年出版。
5. 尹影、李广，《环境小品设计》，北京理工大学出版社，2009年出版。
6. 香港日瀚国际文化有限公司，《景观设计绿皮书3：建筑小品·景观小品》，中国林业出版社，2006年出版。

思考与练习题：

1. 公共空间中的装置、装饰作品与其所在的环境景观有着怎样的关系？
2. 如何理解公共空间中的装置、装饰作品的文化性表达？
3. 在新中式的小区景观环境中，如何进行公共装置、装饰作品的设计？

参考文献

[1] 胡宝林著. 公共艺术空间新美学 [M]. 台北：台湾艺术家出版社，2006.

[2] 吴松编著. 壁画设计与制作 [M]. 重庆：重庆大学出版社，2002.

[3] 郗海飞著. 壁画艺术 [M]. 长春：吉林美术出版社，2008.

[4] 张延刚著. 壁画艺术与环境 [M]. 合肥：安徽美术出版社，2003.

[5] 章晴方编著. 公共艺术设计 [M]. 上海：上海人民美术出版社，2007.

[6] 王中著. 公共艺术概论 [M]. 北京：北京大学出版社，2007.

[7] 陈绳正著. 城市雕塑艺术 [M]. 沈阳：辽宁美术出版社，1998.

[8] 李辰著. 西方古代壁画史 [M]. 北京：北京大学出版社，2007.

[9] 《国际新景观》杂志社编著. 10家顶尖景观设计事务所精选作品集 [M]. 武汉：华中科技大学出版社，2008.

[10] 《景观设计》杂志社编. 世界前沿景观设计TOP50 [M]. 大连：大连理工大学出版社，2007.

[11] 董晓明编. 城市景观设施 [M]. 大连：大连理工大学出版社，2007.

后 记

接到编写这本教材的邀请时,恰逢我刚刚结束了为期两年的北京奥运会开闭幕式视觉美术设计工作。正在潜心写书,09年初又受命担任首都国庆60周年游行领袖画像创作及游行彩车监制工作,直至十月。尽管如此,资料搜集和撰写工作却从未懈怠。不同空间环境中的公共艺术设计是我近几年一直在思考和实践的课题,尽管写了几篇相关的短文,也曾独立出过一本高校教材,但在编写《公共艺术设计》的过程中却时常感到难以胜任。因为,这虽然是一本针对高校环艺专业的普通教材,但需要作者具备深厚的公共艺术理论修养和丰富的实践经验。在诸多老师、同事的鼓励和帮助下,通过学习、借鉴和参考部分学者的理论成果,才最终完成了书稿。相关内容已在章节中和参考文献中标明来源出处,在此对参考书目的作者表示衷心的感谢!

本书光盘中的学生作业图片大部分来自中央美术学院壁画系、雕塑系往届学生的课堂作业或毕业创作,由于难以写出具体的作者姓名及作品名称,在此对我的校友们表示诚挚的歉意和感谢!

感谢中国建材工业出版社的信赖和支持!感谢杨薇编辑为本书所做出的艰辛、细致的工作。

感谢烟台大学建筑学院院长郝曙光教授对本书的关注与指导。感谢中央美术学院曹力教授、刘斌教授、唐晖教授为本书提出了宝贵的意见和建议。感谢烟台大学建筑学院环艺教研室、景观教研室、造型基础教研室的同事们对本书的出版所给予的关心与帮助。

由于编写时间仓促,加之水平所限,疏漏不当之处,敬请专家和读者朋友批评指正。

王岩松

2010年冬于烟台大学建筑学院